全国

飛行機めぐり

AIRPLANE TOUR OF JAPAN

監修　チャーリィ古庄《ふるしょう》

GB

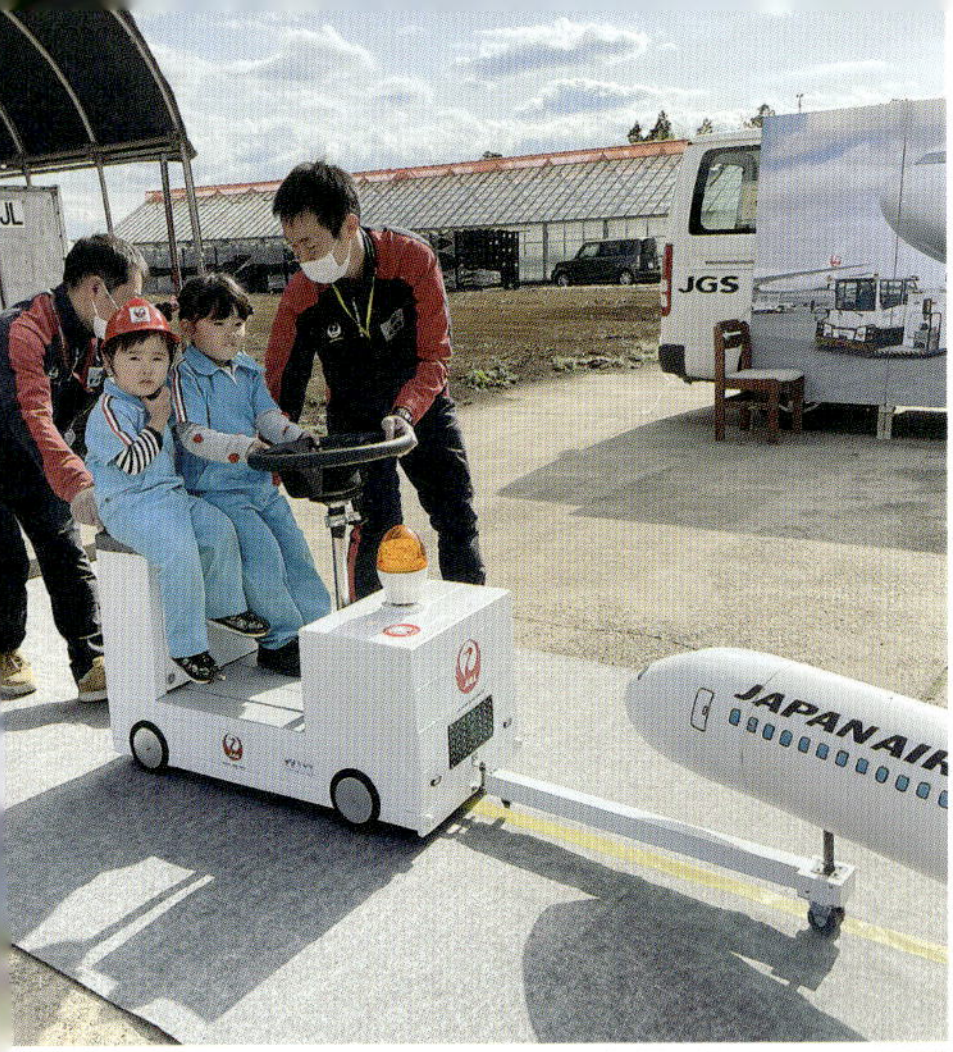

はじめに

大空を駆けめぐる飛行機を見上げて、「空を飛んでみたい」と思ったことはありますか? 空への憧れは誰にでもあると思います。そんな空への思いをさらに高めてくれるのが、空港をはじめとする、飛行機が楽しめる施設です。

この本では、日本の各地域にある空港の面白さや特徴、全国の航空関連の博物館やカフェなどをご紹介します。飛行機を眺めれば夢が広がり、旅に出たくなるでしょう。

日本国内だけでも定期便が飛んでいる空港は約100か所。中でも東京の伊豆諸島や鹿児島、沖縄など島が多い地域では、お客さんだけでなく新聞や郵便物、生活物資などを輸送することもあり、飛行機は島の生活に欠かせない乗り物でもあります。またお客さんを運ばず、宅配便や国際貨物の輸送を行う航空会社もあります。

現在、日本に来ている世界の航空会社は約100社。国際空港ではアジアはもちろん、ヨーロッパ、アフリカ、中東、アメリカ、オーストラリア、南太平洋など各国色とりどりの翼を見ることができ、空港内ではさまざまな言葉が話され、いろいろな国のユニフォームを着た乗務員さんたちとすれ違うでしょう。そんな国際感覚あふれる空港をはじめとする、飛行機に関わる施設や、飛行機の魅力と楽しみ方をこの本でお届けできればと思っています。

それではさっそく「Cleared for take off」離陸しましょう!

航空写真家　チャーリィ古庄

FLIGHT
OF
DREAMS
STARBUCKS

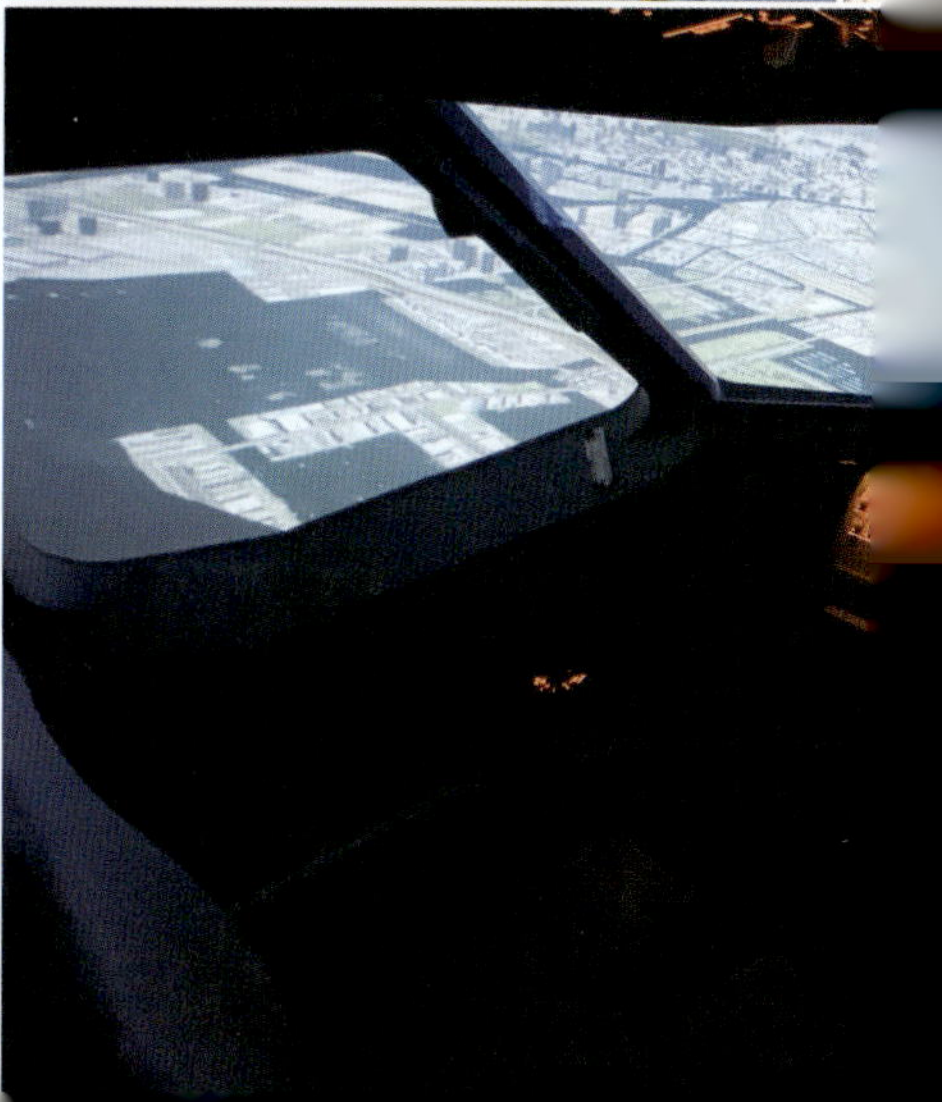

全国 飛行機めぐり Contents

はじめに 2

本書の見方 9

chapter 01 飛行機を 撮る

空港

01 東京 飛行機の便数日本一! 東京国際空港(羽田空港) 12

02 千葉 世界中とつながる日本の「空の」玄関口 成田国際空港 16

03 秋田 コックピット模型に座れる! 秋田空港 20

04 宮城 展望デッキで迫力ある離着陸を体感! 仙台空港 21

05 長野 飛行機イベント豊富! 信州まつもと空港 22

06 静岡 上空50mを飛行機が飛んでいく! 富士山静岡空港 24

07 愛知 カラフルなFDA機 県営名古屋空港 26

08 大阪 夏は展望デッキで水遊び 大阪国際空港(伊丹空港) 28

09 兵庫 夕暮れの眺めは必見! 神戸空港 30

10 山口 至近距離で飛行機撮影 山口宇部空港 32

11 香川 滑走路をウォーキング 高松空港 34

12 福岡 屋根なしバスで見学 福岡空港 36

13 沖縄 夕日と青い海を背景に見る飛行機は感動的! 那覇空港 38

複合施設・公園

14 東京 足湯がある展望デッキ HANEDA INNOVATION CITY®(羽田イノベーションシティ) 40

15 東京 飛行機と大型船 城南島海浜公園 41

16 東京 調布飛行場を一望! 都立武蔵野の森公園 42

17 神奈川
離着陸が同時に見られるかも？
浮島町公園 …… 43

18 千葉
桜の上を飛ぶ飛行機が美しい！
成田市さくらの山 …… 44

19 千葉
ハート形モニュメントと飛行機を撮影
ひこうきの丘 …… 46

20 長野
大迫力の飛行機とヘリ
長野県松本平広域公園 信州スカイパーク …… 48

21 大阪
真横のアングルで！
スカイランドHARADA …… 50

22 兵庫
飛行機を見ながら遊ぶ
伊丹スカイパーク …… 52

23 香川
気分は航空管制官！
さぬきこどもの国 …… 54

24 福岡
次々と飛行機が！
大井中央公園 …… 56

25 大分
空港と海を上から一望
小城《おぎ》展望公園 …… 57

COLUMN 1
飛行機の写真を格好良く撮るには …… 58

chapter 02 飛行機を 学ぶ

空港

26 北海道
航空と空港の歴史を学べる！
新千歳空港（大空ミュージアム、エアポートヒストリーミュージアム） …… 62

27 愛知
ボーイング787初号機を展示！
中部国際空港セントレア（フライト・オブ・ドリームズ） …… 64

28 大阪
巨大ジオラマは大迫力！
関西国際空港（関空展望ホール スカイビュー） …… 66

29 広島
空港のお仕事を学ぶ
広島空港（空港おしごとミュージアム） …… 68

30 鹿児島
本物のパーツ展示
鹿児島空港（ソラステージ） …… 69

博物館・資料館

31 埼玉
日本の航空発祥の地
所沢航空発祥記念館 …… 70

32 東京
航空関連資料を網羅！
航空図書館 …… 72

33 東京
貨物輸送の仕事をジオラマで見る
物流博物館 …… 74

34 千葉
日本初の航空専門博物館！
航空科学博物館 …… 76

35 茨城
我が国唯一の純国産開発の民間輸送機
科博廣澤航空博物館（ユメノバ） …… 78

36 茨城
測量用航空機くにかぜ
地図と測量の科学館 …… 80

37 石川
17機の実機展示！
石川県立航空プラザ …… 82

38 山梨
旧日本軍の軍用機
河口湖自動車博物館・飛行館 …… 84

39 静岡
歴代ブルーインパルスがズラリ！
航空自衛隊浜松広報館エアーパーク …… 86

40 静岡
貴重な航空資料の数々
学校法人 静岡理工科大学
静岡航空資料館 …… 88

41 愛知
実機展示が豊富！
あいち航空ミュージアム …… 90

42 岐阜
航空機のはじまりや宇宙開発史を学ぶ
岐阜かかみがはら航空宇宙博物館 …… 92

43 兵庫
大型ヘリの中を観察！
カワサキワールド …… 94

44 兵庫
戦闘機の実物大模型
soraかさい …… 96

45 広島
乗り物模型が2800点！
ヌマジ交通ミュージアム …… 98

46 香川
「日本の航空の父」の功績を知る
二宮忠八《にのみやちゅうはち》飛行館 …… 100

公園

47 北海道
グライダーに乗ろう！
たきかわスカイパーク（滝川市航空動態博物館） …… 102

48 愛知
三菱MU-2Aを展示
神明公園（航空館boon） …… 104

COLUMN 2
飛行機の構造を大解剖！ …… 106

chapter 03 飛行機を 体験する

博物館

49 青森 飛行機の真上を滑空！ 青森県立三沢航空科学館 …… 110

50 東京 機体整備工場へ突入！ ANA Blue Hangar Tour …… 112

51 東京 6つの職種の訓練を見学 ANA Blue Base Tour …… 114

52 東京 歴史と未来を学ぼう JAL SKY MUSEUM …… 116

体験施設

53 東京 まるで本物の乗り心地 LUXURY FLIGHT 羽田空港本店 …… 118

54 東京 憧れのコックピットへ Skyart JAPAN 品川本店 …… 120

55 千葉 ホテルで操縦体験！ SKY Experience 舞浜シェラトン店 …… 122

56 兵庫 家族での体験プランも 神戸フライトシミュレーターセンター テクノバード …… 124

57 沖縄 3歳からフライト体験 トライエア …… 126

COLUMN 3 飛行機の種類とその特徴 …… 128

chapter 04 飛行機を 楽しむ

泊まる

58 北海道 滑走路ビュー客室 エアターミナルホテル …… 132

59 東京 コンセプトルーム多数 羽田エクセルホテル東急 …… 134

60 千葉 空港滑走路を見渡す マロウドインターナショナルホテル成田 …… 136

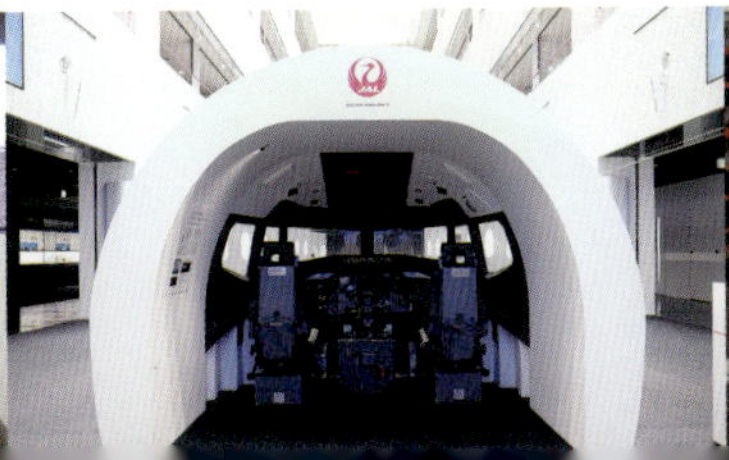

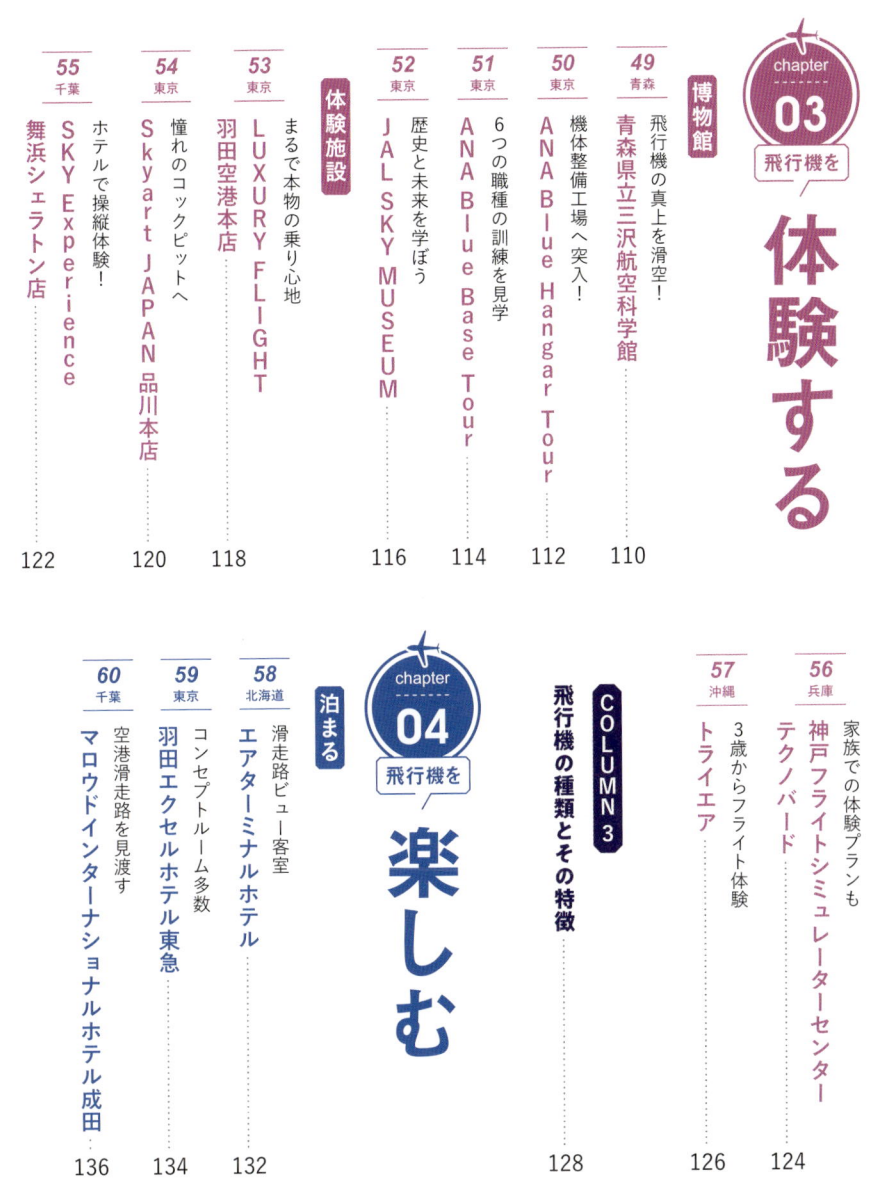

61 愛知 エアポートビュー！ **中部国際空港セントレアホテル** …… 138

62 沖縄 戦闘機も見られる！ **琉球温泉 瀬長島ホテル** …… 140

食べる

63 東京 「池袋国際空港」!? **FIRST AIRLINES** …… 142

64 東京 飛行機ファンの穴場 **ブルーコーナーUC店** …… 144

65 東京 滑走路真横でランチ **日本エアロテック株式会社 社員食堂 プロペラカフェ** …… 145

66 千葉 JALのレストラン **DINING PORT 御料鶴** …… 146

67 千葉 世界の機内食を味わう **ワールドフレーバーカフェレストラン** …… 148

68 福岡 飛行機を楽しむカフェ **375 cafe bar** …… 149

買う

69 千葉 飛行機グッズが勢揃い **フライトショップチャーリイズ** …… 150

70 千葉 オリジナルの旅ノート **トラベラーズファクトリー エアポート** …… 152

71 東京 飛行機模型がずらり！ **クロスウイング東京** …… 154

72 大阪 海外からも来店多数 **クロスウイング大阪** …… 155

73 大阪 実物飛行機が店内に！ **aero lab pilot shop** …… 156

74 岡山 模型展示も楽しめる **クロスウイング倉敷本店** …… 157

COLUMN 4 **飛行機の中に潜入！** …… 158

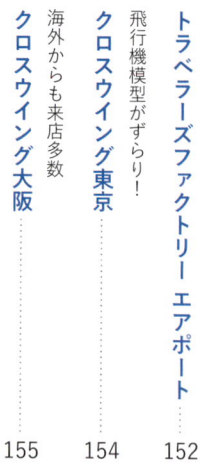

本書の見方

4 DATA の見方

施設名

- 所在地
- 電話番号
- 開館・営業時間
- 休業日
- 入館・入場料
- 交通アクセス（自動車の場合）
- 交通アクセス（電車・バスの場合）
- イベント予約について
- 公式ウェブサイト

QR
コード

1 紹介する空港・博物館・施設・お店の見どころを写真で紹介。景観や展示物などが、ひと目で分かります。

2 紹介する空港や博物館、施設、お店の見どころについて解説。展示物の紹介や、飛行機の楽しみ方など、ポイントを解説しています。

3 行く前に知っておくともっと楽しめる情報を紹介。オリジナルグッズやメニュー、周辺情報などをチェックしておきましょう。

5 施設のサービス等についての情報です。該当する場合は色が付いています。

ベビーカーでの観覧・入店可。もしくはベビーカー置き場有

P 駐車場の有無　　イベントの有無

該当しない場合は左のように色が薄くなっています

※開館・営業時間や休業日、入館・入場料などは変更となる場合があります。お出かけになる前に、公式サイトをご確認ください。
※施設によっては、団体や学生などを対象とする割引があります。詳細は公式サイトをご確認いただくか、各施設へお問い合わせください。
※本書に記載の価格は、全て税込価格です。
※本書の情報は2024年9月現在のものです。本書の発売後、予告なく変更される場合があります。ご利用の前に、各施設へ事前にご確認ください。

chapter 01

飛行機を撮る

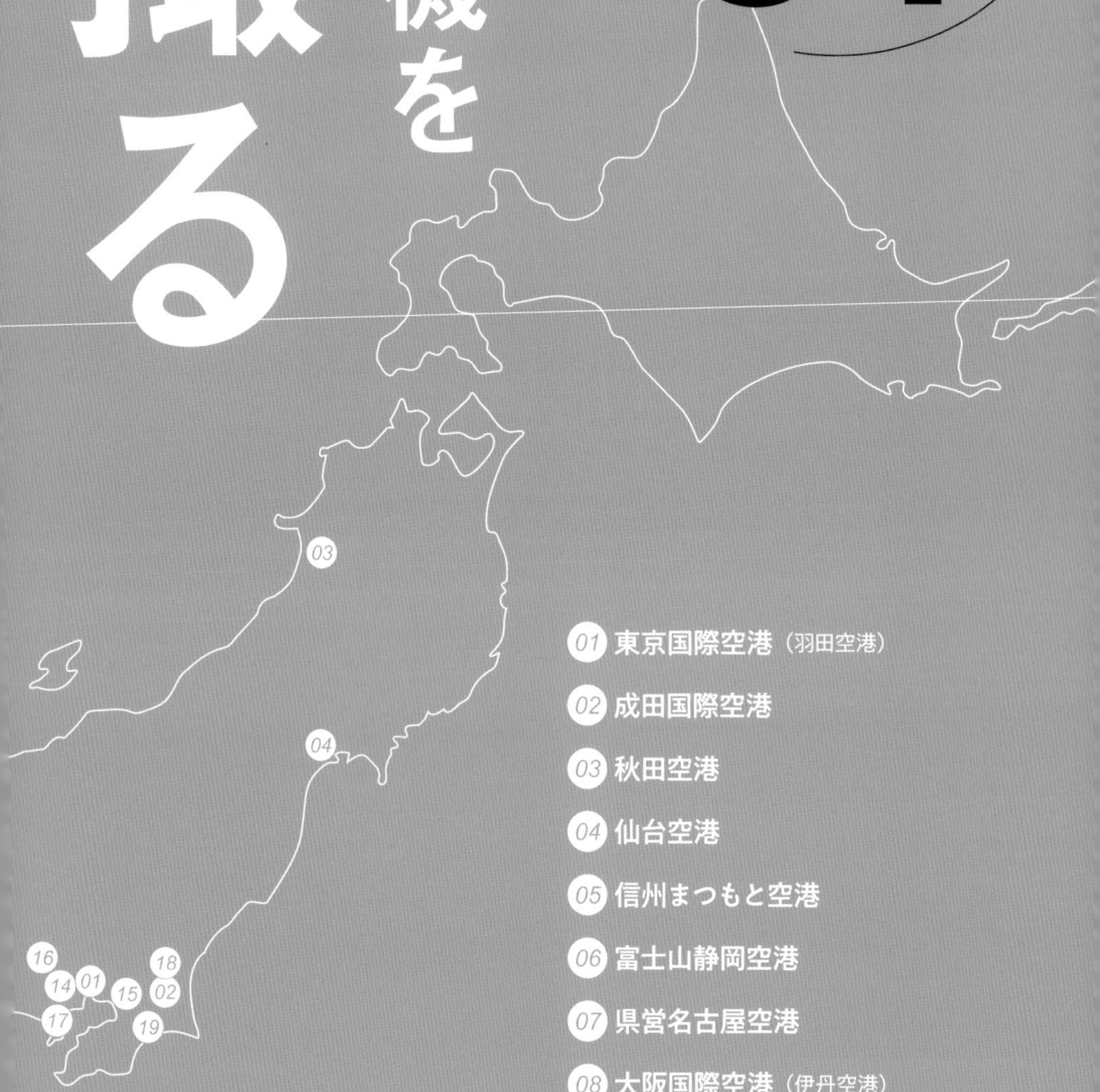

01 東京国際空港（羽田空港）

02 成田国際空港

03 秋田空港

04 仙台空港

05 信州まつもと空港

06 富士山静岡空港

07 県営名古屋空港

08 大阪国際空港（伊丹空港）

09 神戸空港

10 山口宇部空港

11 高松空港

12 福岡空港

13 那覇空港

14 HANEDA INNOVATION CITY®
（羽田イノベーションシティ）

15 城南島海浜公園

16 都立武蔵野の森公園

17 浮島町公園

18 成田市さくらの山

19 ひこうきの丘

20 長野県松本平広域公園
信州スカイパーク

21 スカイランドHARADA

22 伊丹スカイパーク

23 さぬきこどもの国

24 大井中央公園

25 小《お》城《ぎ》展望公園

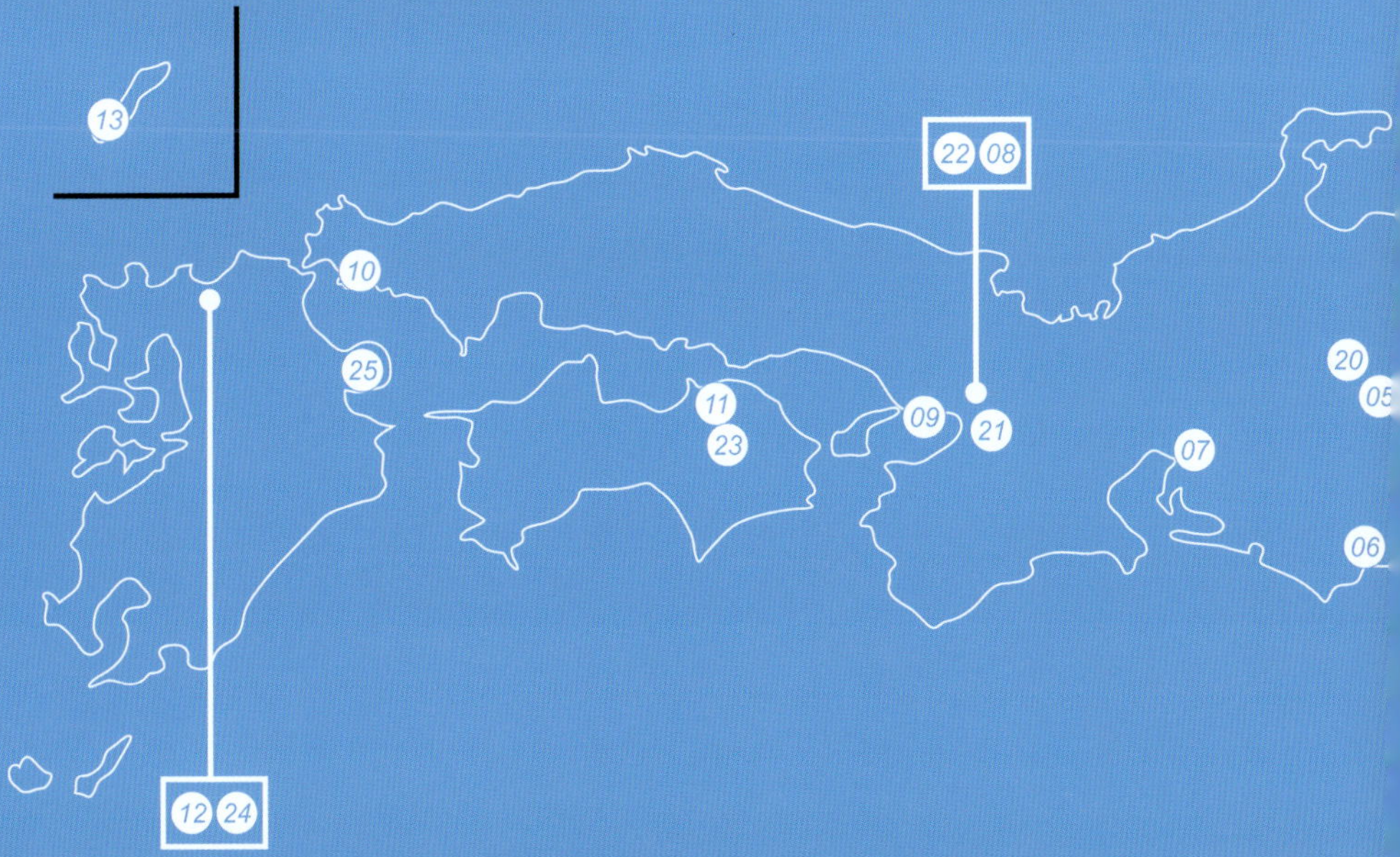

撮る
01
東京

東京国際空港（羽田空港）

便数日本一の空港で飛行機を満喫しよう！

日本で最も便数が多い東京国際空港（羽田空港）は近年、「羽田再国際化」により世界の大都市と結ばれている。

羽田空港には4本の滑走路と3つの旅客ターミナルがあり、ターミナルごとに展望デッキがある。第1ターミナルはJALやスターフライヤー・スカイマークが使用。6階の左右（南北）に展望デッキがあり、目の前には鶴のマークのJALの機体がずらりと並んでいる。正面に見えるのはA滑走路。北風の場合は左から右に着陸、南風の場合は右から左に向けて離着陸するシーンを見ることができる。A滑走路をはさんだ向かい側には国際線専用の第3ターミナルがあり、世界の主要航空会社が乗り入れている。視界が良ければ前方やや右に富士山や丹沢の山々、正面遠くに横浜のランドマークタワーが見え、南側には東京湾アクアライン、北側には管制塔や東京のビル群などを眺められる。

1

2

3

1 第1ターミナル展望デッキから見える羽田空港管制塔。手前が新管制塔で、ここから全ての飛行機に指示を出している。2 第2ターミナルの左側を良く見るとスカイツリーが見える。その前をアメリカへ向けてデルタ航空便が離陸する。3 第3ターミナルの展望デッキ。24時間開いていてフェンスも低いので子どもの目線でも飛行機が見やすい。国際線の飛行機とA 滑走路を眺めることができる。

飛行機用語

滑走路（ランウェイ）…飛行機が離着陸を行うための直線状の道路。プロペラ機で最低1,000m、長距離飛行機は3,000mと、飛行機の種類によって必要な長さは異なる。

管制塔…飛行機が安全かつスムーズに離着陸や飛行ができるように、航空管制官がパイロットへ指示を出したり、滑走路などの監視をしたりするための建物。空港や飛行場に設置されている。

第2ターミナルにはANAの飛行機がずらりと並ぶ。右手遠くにはD滑走路の離着陸機が見えることも。

羽田空港全景。東京湾を埋め立てて空港を作ったことが分かる。奥に見えるのは多摩川で向こう側は神奈川県になる。

第2ターミナルはANAとソラシドエア、エアドゥなどの航空会社が使用し、青い翼がずらりと並ぶ。5階の左右に展望デッキがあり、屋内展望フロア「FLIGHT DECK TOKYO」も中央にあるため、天候を気にせず飛行機を眺められる。目の前には羽田空港で最も長いC滑走路、左手にはスカイツリーと東京ゲートブリッジ、冬の晴れた日には遠く筑波山まで見えることも。

飛行機好きなお子さんへのおすすめは第2ターミナル4階「エアポートグリル&バール」の小学生以下限定「おこさまプレート」(980円)。窓から飛行機を見ながら、本格的なハンバーグを食べられる。

羽田空港第3ターミナルは、国際線が離着陸するターミナル。5階のTIAT Sky Roadには羽田空港国際線に就航している各航空会社のモデルプレーンを1/200のスケールで展示。世界の航空会社の色とりどりな飛行機の型式を見比べられる。隣接する展望デッキは正面にA滑走路と、その向こうには第1ターミナルが見えて開放的だ。

第3ターミナルの展望デッキ内側にあるTIAT Sky Roadには羽田空港国際線に就航している各航空会社のモデルプレーンが1/200というスケールで展示されている。

「エアポートグリル&バール」で提供される小学生以下限定の「おこさまプレート」(980円)。

＋αで楽しめる！

羽田空港でしか買えない旅するパンダのバウム

型ぬきをしながら食べるバウムクーヘンの専門店「カタヌキヤ」の羽田空港限定「ひこうきパンダバウム(クレームブリュレ味)」(594円)。飛行機に乗って旅をするお茶目なパンダがかわいい。明るいブルーのパッケージは羽田空港らしく大空のよう。

DATA

東京国際空港(羽田空港)

とうきょうこくさいくうこう(はねだくうこう)

- 東京都大田区羽田空港3-3-2(第1ターミナル)
  東京都大田区羽田空港3-4-2(第2ターミナル)
  東京都大田区羽田空港2-6-5(第3ターミナル)
- 03-5757-8111
- 原則5:00〜24:00(第3ターミナルは24時間)
- 無休
- 京急線羽田空港第1・第2ターミナル駅、第3ターミナル駅直結
  東京モノレール羽田空港第1ターミナル駅、羽田空港第2ターミナル駅、第3ターミナル駅直結
- https://tokyo-haneda.com/index.html

飛行機用語 モデルプレーン…飛行機を縮小して再現した模型のこと。プラモデルとは異なり組み立てが容易なものが多く、大型機でも手のひらサイズで再現できるため、ディスプレイや保管がしやすい。

撮る
02
千葉

成田国際空港

第1ターミナル展望デッキからA滑走路を見た景色。世界最大の旅客機A380は全便こちらで離着陸する。

100超の航空会社が乗り入れる日本の玄関

日本の「空の」玄関口として約120都市を結んでいる成田国際空港。開港当時は新東京国際空港という名称だったが、2004年に成田国際空港に名称が変更された。成田国際空港の魅力は世界100を超える航空会社が乗り入れているため、見たことがない外国の航空会社の機体をたくさん見られること。また首都圏の貨物拠点空港として国際貨物便の離着陸も多くあり、ボディに窓のない貨物専用機も多く見ることができる。近年は格安航空会社の拠点にもなっており、特に第3ターミナルにはジェットスター・ジャパンやスプリング・ジャパンなど、国内や中近距離の海外に安価で行ける航空会社が就航している。

展望デッキは第1ターミナル、見学デッキは第2ターミナルにあり、おすすめは第1ターミナル5階にある展望デッキ。A380のような大型機も離着陸に使用している、4000mあるA滑走路を思う存分眺めることができる。

＋αで楽しめる！

成田国際空港限定のクレヨンしんちゃんグッズ

第1ターミナル4階にはクレヨンしんちゃんアクションデパートPOP UP SHOPがある。飛行機に乗った「パイロットしんちゃんキーホルダー」(660円)、千葉県の名物にちなんだ「ピーナツしんちゃんキーホルダー」(660円)はどちらも成田国際空港でしか手に入らない特別なアイテムだ(品切れの際はご容赦ください)。

1 第1ターミナル展望デッキ。フェンスの下の方も網になっているため、子どもの目線でも飛行機が見やすい作りになっている。2 第2ターミナル北側見学デッキ。JAL機や第3ターミナルに並ぶLCCの機体を見ることができる。3 出発ロビーを歩けば、海外旅行の気分にひたることができるのも魅力のひとつ。

1

3

2

飛行機用語 旅客機…輸送機の中でも、主に人を輸送するための飛行機のこと。基本的にターボ・ファン・エンジンが使用され、その速さは時速約900kmにもなる。

日本では成田国際空港でしか見ることができないANAのエアバスA380。フライングホヌと呼ばれていて3機あり、それぞれに愛称がつけられている。

第2ターミナルはＪＡＬをはじめキャセイパシフィック航空などが使用。4階の北と南に見学デッキがある。南側からはＪＡＬ機や誘導路を通る機体を見ることができ、北側からは手前に駐機する飛行機と第3ターミナルに並ぶ飛行機が見える。第3ターミナルに展望デッキはなく、飛行機を見るのは利用者だけのお楽しみだ。

第1ターミナル5階と第3ターミナル2階にはフードコートがあり飛行機を利用しない人でも利用可能。また第1ターミナル4階南ウイングにあるタリーズコーヒーにはキッズココアやパンケーキなどがあり、ガラス越しに並ぶＡＮＡやユナイテッド航空などの飛行機を見ながら食事をすることができる。

成田国際空港で人気の飛行機

1 第1ターミナル南ウイング4階にあるタリーズコーヒー。ここはターミナルの端にあるため、静かにカフェタイムや食事を楽しむことができる。2 タリーズコーヒーの「ベアフルのメープル米粉パンケーキ」(420円)はサクッとした食感。キッズセットドリンク付きもある。

は、ANAなどが運航する世界最大の旅客機エアバスA380型機だ。3機あり、それぞれ色が異なるカメの絵が機体全体に描かれている。成田〜ホノルル線で運航しており、第1ターミナル展望デッキから見ることができる。

季節でスケジュールが変動するため、事前にHPなどで運航状況をチェックしておこう。

DATA

成田国際空港

なりたこくさいくうこう

- 千葉県成田市古込1-1
- 0476-34-8000
- JR/京成本線/スカイアクセス線成田空港駅(第1ターミナル)、空港第2ビル駅(第2・3ターミナル)直結
- https://www.narita-airport.jp/ja/

2

3

1

撮る

03

秋田

秋田空港

座れるコックピット模型やイベントが人気

秋田県秋田市雄和に所在する秋田空港は、特定地方管理空港。施設はレジャースポットとしても楽しめ、旅客機の模型やタイヤ、コックピットが展示された展示資料室「みんなのひろば「くぅ」」は、家族連れにも人気のミニ博物館になっている。

例年6月下旬には「秋田空港開港記念イベント」を開催。事前申し込み制のプッシュバックカー体験・バックヤードツアーでは、ガイドの案内で普段は入れないエリアで飛行機を間近に見られる。毎年9月下旬にも「空の日まつり」を開催しており、管制塔見学会、航空自衛隊秋田救難隊による展示飛行、バックヤードツアーなどを実施している。

1 国内線ターミナルビル3階の「みんなのひろば「くぅ」」は、「見る・触る・知る」を体験できる資料展示室だ。2 エントランスのコックピット模型は実際に座ることもできる、人気の撮影スポット。3 「くぅ」内に展示された歴代旅客機のモデルとタイヤ。

DATA

秋田空港

あきたくうこう

- 秋田県秋田市雄和椿川字山籠49
- 018-886-3366(代表)
- 6:00～22:00
- 休 無休
- 秋田駅からリムジンバスで約45分
- https://www.akita-airport.com

飛行機用語

プッシュバック…管制塔から出発の許可が得られた飛行機を、前脚に接続したトーイング・トラクターという車両によって、安全に自走を開始できる場所まで後方に押し出すように移動させること。この間にパイロットはエンジンを始動させる。

展望デッキ「スマイルテラス」の営業時間は6:45～20:00（無休）。旅客機の離着陸が一望できる。

撮る

04

宮城

仙台空港

機体の間近で迫力ある離着陸を体感！

仙台空港は、宮城県名取市と岩沼市にまたがって所在する空港だ。施設内には数々のレストランやカフェ、お土産売り場があり、レジャースポットとしても家族連れなどに人気がある。

飛行機好きにおすすめなのは屋上の展望デッキ「スマイルテラス」。飛行機の離着陸の迫力を体感しながら、滑走路や駐機場を間近に眺めることができる（悪天候により閉鎖の場合有）。

また毎年7月1日付近には空港のアニバーサリーフェアが開催。限定グッズや飲食店の特別メニューが提供される。施設内の各店舗でも時期に合わせたフェアが開催されるので、HPの催事情報を確認してみよう。

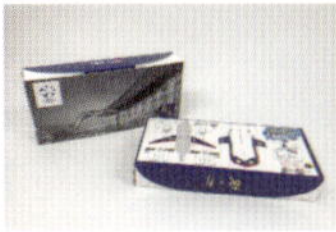

菓匠三全が製造・販売する仙台銘菓「萩の月」の仙台空港限定パッケージは、旅客機のペーパークラフト付き。

DATA

仙台空港

せんだいくうこう

- 宮城県名取市下増田字南原
- 022-382-0080
- 6:10～22:00
- 休 無休
- JR仙台駅から仙台空港駅まで快速約17分/各駅停車約25分
- https://www.sendai-airport.co.jp/

飛行機用語

駐機場（エプロン）…飛行場内の、航空機が並ぶ屋外区域。乗員・乗客の乗降、荷物の積み降ろし、燃料補給、点検整備などを行なう。

撮る
05
長野

信州まつもと空港

FDAの航空機を見送る様子。信州まつもと空港フォトコンテスト2023入選作品。

望遠鏡の設置もある3階の見学者デッキからは、飛行機の様子を間近で見ることができる。

親子や家族で参加できるイベント満載！

信州まつもと空港は日本で最も標高が高い場所に所在する空港。望遠鏡の設置もある3階の見学者デッキからは、信州の山々を背景に、至近距離で航空機を見学できる。

2階ロビーにはファンブレード、タービンブレードなど、就航しているフジドリームエアラインズ（FDA）の航空機で使っていたエンジン部品の実物を展示している。また、施設各所には飛行機や空港に関するクイズを掲示した「ひこうき雑学コーナー」がある。飛行機についてどれくらい知っているか、ぜひチャレンジしてみよう。

イベントでは、空港見学会やスカイフェスティバルが人気だ。制限区域内で、普段は間近に見られない小型機、空港化学消防車などを見学できたり、旅客機や空港の仕事を学ぶ航空教室が催されたりと、親子や家族が参加しやすいプログラムとなっている。鉛筆やノートなどの空港グッズのお土産が用意されているのもうれしい。

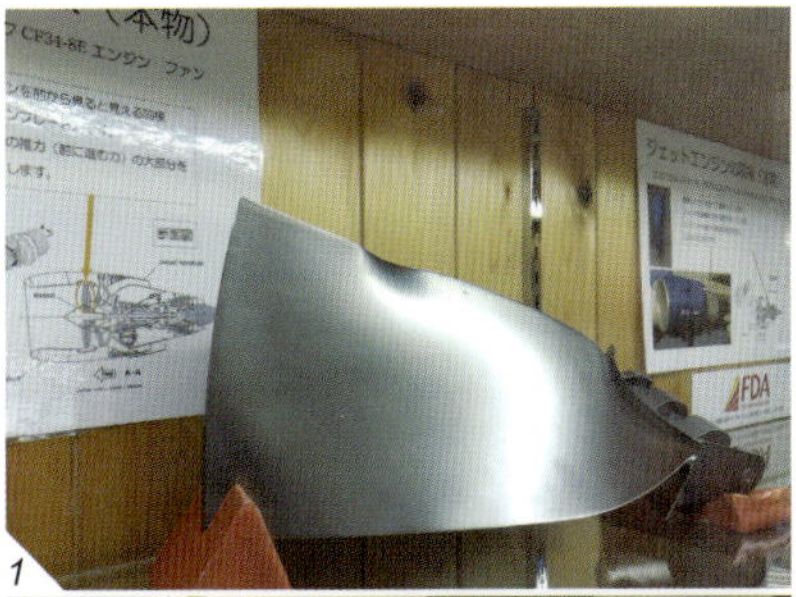

1

2

3

1 エンジン部品のファンブレード、タービンブレードの展示。2 顔出しパネルは家族連れの人気撮影スポット。3 空港見学会は空港化学消防車などを間近に見学できる、貴重な機会だ。

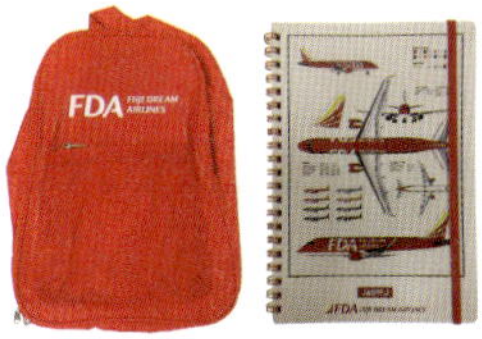

FDAオリジナルシューズバッグ（1,320円）やFDAオリジナルバンド付ノート（1,210円）は、見学の記念に。

DATA

信州まつもと空港

しんしゅうまつもとくうこう

- 長野県松本市空港東8909
- 0263-57-8818
- 8:30〜19:00
- 休 無休
- 松本バスターミナル（松本駅から徒歩3分）からエアポートシャトルバスで約30分
- 一部イベントについては要予約（公式サイト等をご確認ください）
- https://www.matsumoto-airport.co.jp/

飛行機用語 空港化学消防車…航空事故に備えて空港に配備される化学消防車。飛行場内でのみ使われる車両のため、通常の消防車と比較して、大型のタンクを備えた消火能力の高いものが多い。

撮る
06
静岡

富士山静岡空港

事前応募制で旅客機の内部を見学できた2023年「富士山の日」。

寝転んで上空50mを飛ぶ飛行機を眺めよう

富士山静岡空港のおすすめは独立展望台の「石雲院展望デッキ」。ターミナルビルを出て東側に450mほど行った場所にある。空港東側展望広場「だいだらぼっち」は滑走路東端の先にある展望広場。芝生やデッキに寝転んで、上空50mを飛ぶ飛行機を眺められる。航空グッズ店「Runway Shop FSZ」には空港ならではのお土産が盛りだくさんだ。

年間を通してさまざまなイベントが開催されているが、年4回の特別空港見学ツアーや、滑走路内を歩く「ランウェイウォーク」(9月開催)は特に人気がある。

1

2

3

1「石雲院展望デッキ」の円形のウッドデッキからは、飛行機と富士山が良く見える。2「Runway Shop FSZ」にはオリジナルグッズやエアライングッズが並んでいる。3 滑走路東端の展望広場「だいだらぼっち」で見られる大迫力の着陸風景。

＋αで楽しめる！

富士山と飛行機のラテアートを楽しもう

施設内のカフェ「This Is Café」の一番人気メニューは「富士山空港ラテ」(¥550)。富士山と飛行機を描いたラテアートは、旅気分を味わえる富士山静岡空港限定の人気メニュー。SNS映え必至で、空港を訪れたなら飲んでおきたい！

DATA

富士山静岡空港

ふじさんしずおかくうこう

- 静岡県牧之原市坂口3336-4
- 0548-29-2000
- 6:40〜22:00
- 休 無休
- JR金谷駅からバスで約13分
JR静岡駅からバスで約57分
- https://www.mtfuji-shizuokaairport.jp/

撮る
07
愛知

県営名古屋空港

名古屋空港を離着陸するFDA機。北海道から熊本県まで9路線が就航している。

FDA機が見られる小型航空機の拠点空港

県営名古屋空港は、旅客定期便としてフジドリームエアラインズ（FDA）による9路線（一部冬季運休有）が就航している。中部国際空港セントレアと区別するため小牧空港と呼ばれることもある。

特徴は、エプロン（駐機場）にあるフィンガーコンコース（搭乗通路）だ。名古屋市中心部に近く、小型航空機の拠点空港としての強みを生かすため、ターミナルの機能を1階フロアに集約し、エプロン上に屋根付きのフィンガーコンコースを整備することで、利便性と安全性の向上が図られている。

ターミナルビル3階の展望デッキでは、FDAのカラフルな航空機やヘリコプターを間近で見られる。FDAでは現在、15機15色の小型ジェット機を運航。どの色の飛行機がどこの空港で見られるかは、FDA公式サイトで確認できる。

ターミナルビル1階にあるお土産店で人気なのはFDAとのコラボ商品。地元豊山《とやま》町の和菓子店「秀清堂《しゅうせいどう》」が機体の色に合わせて作った最中「MONAJET」（1個380円）やFDAの機体色に合わせたカラフルな「くずバー」（1本500円）を販売している。このほか、飲食店やカフェも併設している。

写真提供：名古屋空港ビルディング株式会社

1

2

3

1 展望デッキから離着陸の様子が見られる。開放時間は7:00～18:45まで。三脚等は使用禁止。2 中部国際空港セントレア開港までは、国際定期便も発着していた名古屋空港。ターミナルビルは当時のまま。3 搭乗手続きを済ませ、保安検査場からまっすぐ歩けば、フィンガーコンコース。バスに乗るような感覚で搭乗できる。

DATA

県営名古屋空港

けんえいなごやくうこう

- 愛知県西春日井郡豊山町
- 0568-28-5633
  (名古屋空港総合案内所 7:00～21:00)
- ターミナル開館時間 6:00～22:00
- 休 無休
- 名古屋駅からバスで約20分
  JR勝川駅からバスで約20分
  名鉄西春駅からバスで約20分
- https://nagoya-airport.jp

+αで楽しめる！

人気のなごぴょんグッズを手に入れよう

名古屋空港で人気の「なごぴょん」。飛べない鳥を「近代技術によって飛べるようにした」というコンセプトのキャラクターだ。なごぴょんハンドタオル(550円)は滑走路を飛び立つなごぴょんがかわいいと大人気。

飛行機用語 ヘリコプター…機体上部の回転翼で揚力を発生させ、推進する回転翼航空機。垂直離着陸、空中停止(ホバリング)、横や後ろへの飛行ができるのが特徴。

撮る
08
大阪

大阪国際空港（伊丹空港）

噴水設置の北側展望デッキ。見ているだけで涼しげだ。

噴水で水遊びしながら飛行機ウォッチング!

国際と銘打っているが、現在は国内線専用の基幹空港として運用されているのが大阪国際空港だ。施設のスケールは大きく、家族連れにも人気の展望デッキは滑走路を一望できる全長400m、総面積7700㎡という、驚くべき巨大さだ。

北側の展望デッキには噴水があり、暑い夏場は水遊びで涼みながら、飛び立つ飛行機を眺めて楽しむことができるため、子どもたちに大人気。広々としたウッドデッキは、芝生もあり家族でゆっくり過ごせるスポットだ。

イベントで特に人気があるのが、「空楽フェスタ」。例年日本全国の就航地や周辺地域のブース、航空会社のブースなど空港関連の魅力がつまったコンテンツを多数用意している。毎年5月下旬ごろに開催され、子どもから大人まで、空港により親しむことができる楽しい催しが盛りだくさん。家族みんなで楽しめると好評を得ており、大盛況のイベントとなっている。

1

2

1 もはや観光地といえる夜景。言葉を失う美しさだ。2 関西エアポートグループ公式キャラ「そらやん」に会える「そらやんのおにわ」。四季折々の花に囲まれた、写真映え間違いなしのフォトスポットだ。

DATA

大阪国際空港(伊丹空港)

おおさかこくさいくうこう(いたみくうこう)

- 大阪府豊中市螢池西町3-555
- 06-6856-6781(受付時間/6:30～21:30)
- ターミナル開館時間
  - ・南北 5:30～22:00　・中央 5:30～22:30
  - ・展望デッキ 6:00～21:30(入場は 21:00まで)
- 無休
- 大阪モノレール大阪空港駅からすぐ
- 一部空港開催イベントは要予約の場合有
- https://www.osaka-airport.co.jp/

写真提供:関西エアポート

撮る

09

兵庫

神戸空港

まるで公園のような展望デッキは、ウッドデッキになっている。旅客機と海のコントラストは清々しい！

夕暮れ時の滑走路と神戸の街並みが幻想的

神戸市中心部からやや南にあるのが神戸空港だ。人気なのは「MINIATURE LIFE×KOBE AIRPORT」。ミニチュア写真家・見立て作家 田中達也氏の常設ミュージアムで、食べ物や文房具などの日用品で見立てた作品を展示している。

展望デッキでは、南側から滑走路と航空機を間近で見られ、北側からは神戸の市街地も一望できる。100万ドルの夜景を謳う神戸だけに、夕暮れ時、展望デッキから望む眺めは絶景。

滑走路を目の前にしたキッズスペースや、授乳ができるベビールームが各階（空港内4か所）に備えられており、3階のフリースペースではテイクアウトされたものを飲食できるので、小さい子どもがいても安心だ。

例年夏休みには「滑走路ウォーク」を実施。空港運用開始前の早朝に、普段は立ち入ることのできない滑走路で、駐機している航空機などを見学できることも。

1

2

3

1 夕暮れ時の空港には、まさに幻想的な風景が広がる。2「滑走路ウォーク」の様子。3「MINIATURE LIFE × KOBE AIRPORT」内、空港や飛行機を見立てたAIRPORT ZONE。

屋上エリアには野菜を大樹に見立てた田中氏の作品「ブロッツリー」が設置。ミニチュアになった気分になるフォトスポットだ。

DATA

神戸空港《こうべくうこう》

- 兵庫県神戸市中央区神戸空港1
- 078-304-7777（受付時間／6:30〜23:00）
- 6:00〜24:00（展望デッキは6:30〜22:00）
- 無休
- 三宮駅からポートライナーで約18分 神戸空港駅からすぐ
- 一部空港開催イベントは要応募の場合有（その他対象の年齢制限等有）
- https://www.kairport.co.jp/

写真提供：関西エアポート

撮る
10
山口

山口宇部空港

「空の日記念フェスティバル」では旅客機に接近できる撮影会が開催される（抽選制）。

超至近距離で飛行機を撮影できる！

本州の空港としては最西端に位置するのが山口宇部空港。行楽で訪れる家族連れの人気が高いのは、国内線ターミナルビル3階の送迎デッキ。飛行機の離着陸の見学ができ、空港で働く車などの写真パネルやモデルプレーンがずらりと展示されている。

空港東側の「ふれあい公園」（8〜21時）には広大な芝生が広がり、その中に飛行機の形の大型遊具や、ミニ滑走路が設置されている。周囲には東屋や、発着する飛行機を間近に眺めることのできる遊歩道が広がっており、ゆっくりと遊べる行楽スポットだ。

毎年10月に開催される「空の日記念フェスティバル」が人気で、旅客機を間近で見ることができる航空機撮影会など、体験型イベントのファンが多い。

空港内にある「薔薇園」には、200品種1000株のバラが植えられており、見ごろの5月には観賞を楽しむ人々で賑わう。

5月ごろには毎年バラを楽しみに来港するファンも多く、山口宇部空港の名物のひとつ。

1

2

3

4

1 2 送迎デッキでは旅客機の発着を展望できるほか、パネルやモデルプレーンの展示も。3 ふれあい公園には、飛行機型の大型遊具が設置。芝生ではスポーツやレクリエーションを楽しむ人々の姿も（入園無料、駐車場有）。4 ふれあい公園のミニ滑走路は、人気の撮影スポット。

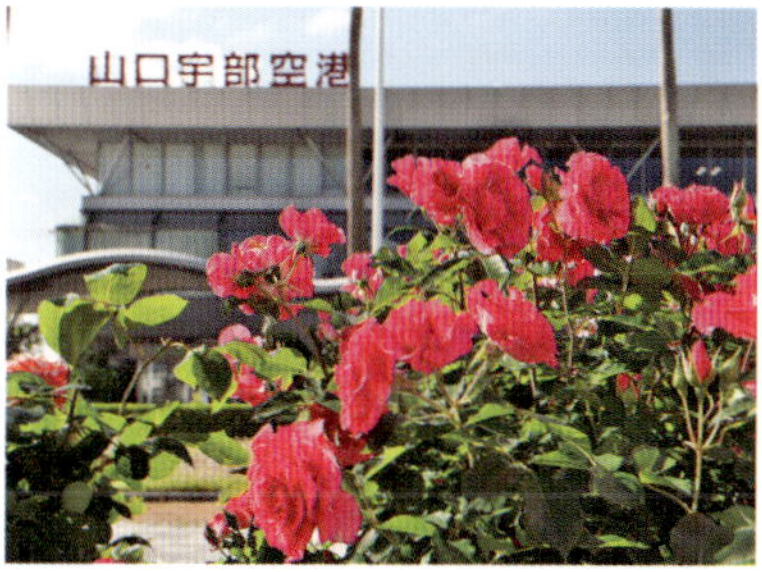

DATA

山口宇部空港

やまぐちうべくうこう

- 山口県宇部市大字沖宇部字八王子625-17
- 0836-31-2200
- 国内線ターミナルビル 6:30〜21:40
- 無休
- JR宇部線草江駅から徒歩約7分
- https://www.yamaguchiube-airport.jp/

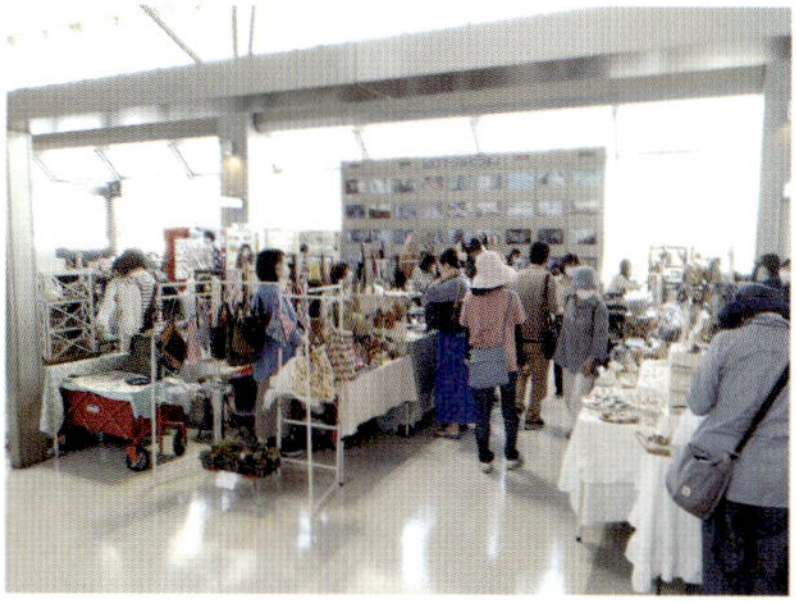

空港マルシェは不定期で開催されるが、珍しい雑貨やアクセサリーを探す、常連の女性ファンも多い人気イベントだ。

撮る
11
香川

高松空港

ランウェイウォークでは、早朝の運用前の滑走路を歩くことができる。

滑走路をウォーキングできる人気イベント

高松空港は、香川県高松市に所在する空港だ。旅客ターミナルビル3階（屋上）の送迎デッキからは、飛行機の離着陸や駐機場に接続する瞬間が間近で展望できる。デッキには飛行機のタイヤも展示されており、子どもたちが触ったり、上に乗ったりして遊ぶこともできるようになっている。

ラウンジ讃岐の前のケースの中には歴代計56機のモデルプレーンが展示されており、飛行機好きに人気のスポットだ。

人気イベント「FUNTAK高松空港ランウェイウォーク」（小学3年生以上が対象）では、飛行機を間近で見学するだけでなく、滑走路での灯火点灯カウントダウンや全行程で約3㎞のウォーキング、グランドハンドリング車両の説明を聞くことができる。早朝の滑走路上で日の出を迎えるという非日常的な体験を通じ、子どもたちに空の仕事に興味を持ってもらうきっかけにしようという催しだ。

「FUNTAK高松空港まつり」は、9月の空の日にちなみ、毎年秋に開催される。空港消防車ツアー、ヘリコプター格納庫見学会、CA・パイロットの制服着用体験や限定の飲食・物販など、家族で楽しめるイベントだ（開催日程やイベント内容は毎年変わるので要確認）。

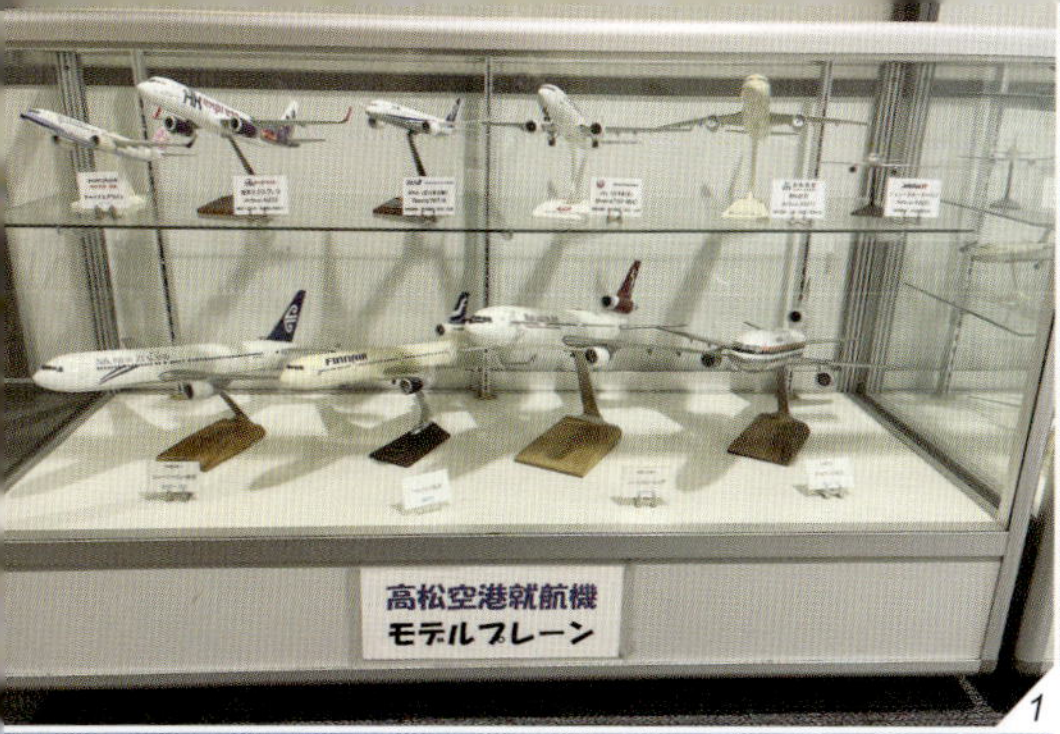

1 2

3 4

1 高松空港に就航している旅客機のモデルプレーン。56機もそろうと眺めは壮観！ 2 旅客機の大きなタイヤで遊べるのは貴重な体験だ。3 旅客ターミナルビル屋上からは、旅客機の離着陸が一望できる。4 空港まつりでは、施設に配備された消防車両も見学可能。

DATA

高松空港

たかまつくうこう

- 香川県高松市香南町岡1312-7
- 087-814-3355(高松空港インフォメーションセンター)
- 5:45〜22:00
- 休 無休
- 高松駅からリムジンバス(ことでんバス)で約45分、高松空港下車約徒歩1分　※航空機の運航状況により変更の場合有
- https://www.takamatsu-airport.com/

飛行機用語

格納庫…航空機の保管だけでなく整備や点検、修理も行うための建物のこと。

写真提供：高松空港(株)

+αで楽しめる！

うどんが滑走路に！？ ここだけのお土産をチェック

空港オリジナルグッズの人気ベスト1は、うどんを滑走路に見立てたデザインの「クリアファイル」(165円)。ほかにも航空写真家まいけるひとし氏の作品の「ポストカード」(385円)が人気商品だ。

限定グッズ「クリアファイル」は一番人気。うどん県の香川ならではのデザイン！

まいけるひとし氏は、世界的に活躍する航空写真家。カードのデザインは高松空港バージョンの作品だ。

国内線展望デッキからは滑走路が一望できる。飛行機形のかわいいオブジェも人気だ。

撮る 12 福岡

福岡空港

屋根なしバスでビューんと空港見学！

福岡空港は、福岡市地下鉄空港線が乗り入れるアクセスの良い空港だ。

滑走路が一望できる国内線展望デッキには、写真撮影スポットとして人気の飛行機形のかわいいオブジェが設置されている。また、子ども目線でも滑走路が見やすくなっており、撮影におすすめのスポットだ。

「福岡空港情報ひろば」は空港の成立ちや移り変わり、空港の将来のマップも見ることができるミニ学習エリアで、世界中の飛行機の運航状況を確認できるフライトレーダーもある。

人気なのは「ラーメン滑走路」。福岡だけでなく、全国から名店が集まりさまざまなラーメンが楽しめる。

人気イベント「福岡空港ビューんとツアー」では、飛行機まで乗客を運ぶランプバスや施設の車両のみが走行可能なエリアを、屋根がない福岡オープントップバスで走行。駐機している飛行機や滑走路で離着陸する飛行機を間近に見られるツアーだ。

福岡空港限定の「空飛ぶひよ子ファミリー」は、大きさの異なるひよ子家族の姿がかわいらしい。

1 2

3 4

1 展望デッキに設置された情報ひろばはミニ学習エリア。パネルで福岡空港の歴史を学ぶことができる。2 情報ひろばのフライトレーダーで飛行機の離着陸をチェック。3「福岡空港ビューんとツアー」では、屋根なしバスで空港内の立ち入り制限エリアを走行できる。4 全国からラーメンの名店が集まったエリア「ラーメン滑走路」。通路は滑走路をイメージしたデザインになっている。

+αで楽しめる！

滑走路を見ながら ふわふわのパンケーキを楽しもう

人気の食事スポットは、店内から滑走路を眺められ、明るく開放感がある「キャンベル・アーリー」。ふわふわのパンケーキとフルーツが楽しめる「スマイルキッズプレート」(990円)はお子さんに一番人気のメニュー。

DATA

福岡空港《ふくおかくうこう》

- 福岡県福岡市博多区大字下臼井767-1
- 092-621-6059（インフォメーション）
- 国内線 5:30～22:30、国際線 5:00～21:40
  ※店舗・施設により営業時間は異なる
- 休 無休
- 地下鉄福岡空港駅直結
- https://www.fukuoka-airport.jp/

写真提供：福岡国際空港株式会社

撮る
13
沖縄

那覇空港

イベントスペースのふくぎホール。沖縄のグスク（城）をイメージしたホールとなっている（写真は2024年9月時点）。

夕日と青い海を背景に見る飛行機は感動的！

日本有数の観光地である、沖縄県那覇市に所在する国管理空港が那覇空港だ。

国際線エリア3階のふくぎホールでは、館内から飛行機を間近で見られる。夕日が差し込む時間帯は特に絶景で、周辺には飲食店や共用ベンチも多数あり、飛行機を眺めながら過ごせる。

国際線エリア2階の首里城復興応援広場は、2019年に全焼した「首里城」の復興を、那覇空港から応援することを目的とした多目的広場。首里城や沖縄の歴史に関する展示、那覇空港に就航している航空会社の飛行機模型の展示は要チェックだ。

国内線エリア3階・国際線エリア4階の見学者デッキは滑走路に面しており、エンジン音などを間近で感じられる。国内線エリア4階のビュースポットでは、ガラス越しに飛行機を見ることができる。

スタンプラリーも人気がありコンプリートすると、那覇空港のオリジナルステッカーをゲットできる。

1

2

1 総面積約860㎡の大空間を活用したイベントが開催されてきた首里城復興応援広場。バスケットボール3×3やプロレスイベントも開催！ 2 国際線エリア4階のフードコート。滑走路側に位置し、飛行機を眺めながら食事ができる。

見学者デッキは見晴らしが良く、飛行機を間近に見られるスポットになっている。

DATA

那覇空港

なはくうこう

- 沖縄県那覇市字鏡水150
- 098-840-1179（インフォメーション）
- 国内線エリア 6:00〜24:00
  国際線エリア 6:00〜22:00
- 休 無休
- ゆいレール那覇空港駅直結
- https://www.naha-airport.co.jp/

屋上階にある「足湯スカイデッキ」。視野を遮る建物がなく滑走路を一望できる。

撮る
14
東京

HANEDA INNOVATION CITY®（羽田イノベーションシティ）

おすすめ撮影スポットは足湯スカイデッキ

先端産業と文化産業を共存させ国内外へと発信する役割を持つ大規模複合施設で、ショップや飲食店、イベントホールなどが集まり、自動運転バスやロボットレストランなどが営業している。施設内にある宿泊施設「ホテルメトロポリタン羽田」には、エアポートサイドの客室やホテル利用者限定の屋上展望デッキがある。

おすすめは、無料で利用できるゾーンE屋上階の「足湯スカイデッキ」。滑走路を飛び立つ飛行機を眺めながら足湯が楽しめる。南風が吹く日は、飛行機が頭上を通過（15～18時30分ごろ）するので要チェック。オリジナルの足湯タオル（500円）の販売もある。

施設上空を羽田空港へ離着陸するジェット旅客機が飛んでいく。

DATA

HANEDA INNOVATION CITY®（羽田イノベーションシティ）

はねだいのべーしょんしてぃ

- 東京都大田区羽田空港1-1-4
- 施設により異なる ※足湯スカイデッキは5:30～23:30
- 休 施設により異なる ※足湯スカイデッキは無休（貸切の場合利用不可）
- ¥ 施設により異なる ※足湯スカイデッキは無料
- 東京モノレール・京急電鉄天空橋駅直結
- https://haneda-innovation-city.com

写真提供：FOTOTECA、羽田みらい開発株式会社

撮る
15
東京

城南島海浜公園

旅客機と大型船を一緒に撮影できるかも

城南島海浜公園は、東京都大田区城南島の端に位置する海浜公園で、週末などは子ども連れのファミリーや、航空機の写真を撮りにきた飛行機ファンで賑わっている。

真上を飛んでいる飛行機を見ることが可能で、東京港に出入りする大型船も間近に見ることができるスポットだ。

また公園内では、オートキャンプやバーベキューができるだけでなく、車椅子でも入場できるボードウォーク、砂遊びや散歩ができる延長４４０ｍのつばさ浜、スケボー広場も用意され、幅広い年齢層が楽しめるよう工夫されている。ドッグランやスケボー広場の登録受付は10～16時なので、要確認だ。

運が良ければ、東京湾を出入りする大型船と旅客機を一緒に撮影できる。

DATA

城南島海浜公園
じょうなんじまかいひんこうえん

- 東京都大田区城南島4-2-2
- 03-3799-6402
- 管理事務所 9:00～17:00
※キャンプ場以外は予約の必要なし
- 休 水曜日（管理事務所）※公園自体は無休
- JR大森駅から京急バス森32系統（城南島循環）城南島四丁目下車、徒歩約3分
- http://seaside-park.jp/park_jonan/

撮る
16
東京

都立武蔵野の森公園

2

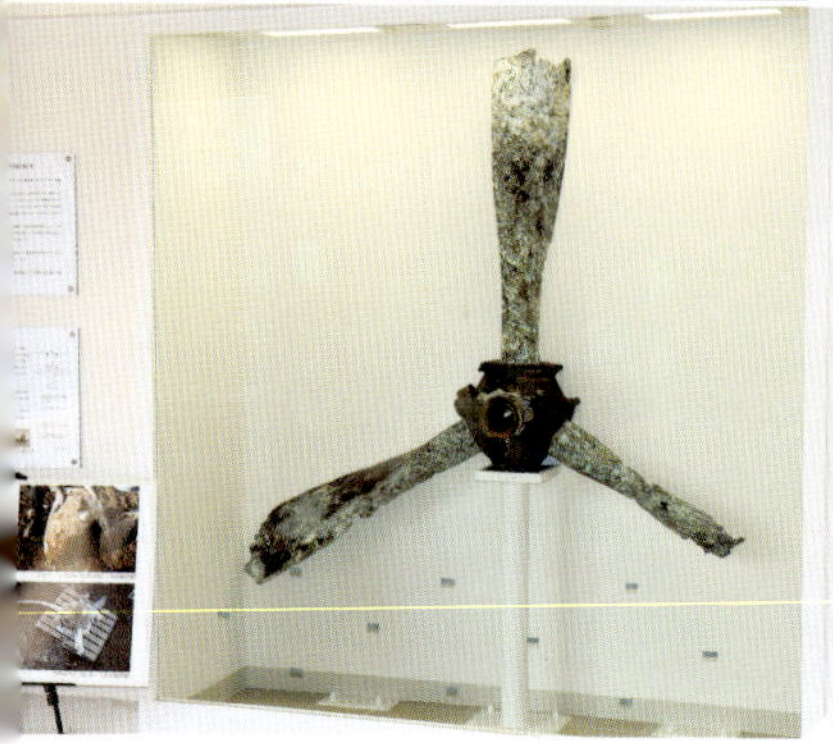

プロペラ展示。

3 1

1 公園の周囲には武蔵野の森が広がり、森の緑を背景として美しい景観が楽しめる。撮影スポットとしての人気も高い。2 旧陸軍の防空拠点だったため、軍用機を守るコンクリート製の掩体壕跡が残っている。手前は配備されていた飛燕のブロンズ像。3「武蔵野の森公園サービスセンター」で展示されている、旧陸軍の一〇〇式輸送機のプロペラ。平成21年に敷地内より発見された。

ベンチに座って、のんびりと飛行機展望

東京調布飛行場として開設され、陸軍や米軍の管理を経て、現在の形に開園したのが都立武蔵野の森公園だ。滑走路を離着陸する飛行機を間近で見ることができるため、家族連れにも人気が高い。

公園北地区の各都道府県の石が置かれている、ふるさとの丘からは、調布飛行場が一望でき、伊豆諸島への定期航空便の離着陸を見ることができる。また、澄んだ空気の日には新宿新都心のビルも望める。

公園北地区の調布飛行場北側にある、小高くなっている展望の丘からも調布飛行場を見渡すことができる。ベンチに座って、のんびりと飛行機を見て過ごしてみては。

DATA

都立武蔵野の森公園

とりつむさしのもりこうえん

- 東京都府中市朝日町3-5-12
- 042-365-8435
- 常時開園
- 休 年末年始(サービスセンター及び各施設)
- ¥ 無料(一部有料施設有)
- 西武多摩川線多磨駅から徒歩約5分
- https://www.tokyo-park.or.jp/park/musashino-no-mori/

写真提供:(公財)東京都公園協会

撮る
17
神奈川

浮島町公園

飛行機の離着陸が同時に見られるかも？

神

神奈川県川崎市の最東部に位置し、元々はフェリーターミナルに隣接していたのが浮島町公園だ。

多摩川をはさんで、羽田空港と向かい合わせの位置に所在するため、滑走路に離着陸する飛行機が大きく、良く見えるスポットとして有名だ。家族連れや航空ファンが多数訪れ、ベストアングルの航空機の撮影や、遊具の設置はないコンパクトな公園ながら、自然を満喫できると人気が高い。花壇に植えられた季節の花々のファンも、多く訪れる。

ちなみにこの公園は、市民と行政のパートナーシップのもと、川崎区市民健康の森に指定されている。

見晴らしが良く、離陸する飛行機と、着陸しようとする飛行機の両方が見られる珍しいスポットだ。

DATA

浮島町公園

うきしまちょうこうえん

- 神奈川県川崎市川崎区浮島町12-7
- 休 無休
- JR 川崎駅からバスで約40分、浮島町公園入口下車、徒歩約5分

撮る
18
千葉

成田市さくらの山

成田国際空港周辺で一番飛行機が近い公園

４０００ｍある成田国際空港Ａ滑走路が一望できる公園で、連日カメラを片手に多くの人たちが飛行機ウォッチングを楽しんでいる。テレビドラマや有名ミュージックビデオの撮影でも使用され、「ちば眺望１００景」にも選ばれている。名前の通り園内には５００本もの桜の木があり、お花見スポットとしても人気だ。ここから見える成田国際空港Ａ滑走路は離陸に使用することが多く、北風の場合は頭上を旅客機が離陸上昇するシーンが見られ、南風の場合は目の前を大型機が着陸していく。ただし、着陸の便数は少ないので、迫力ある着陸が見たければ14時以降がおすすめ。それ以外の時間帯でも離陸する飛行機と第１ターミナル、貨物ターミナルに駐機する飛行機を眺めることができ、夜景もキレイなのでデートスポットとしても有名だ。

隣接する空の駅さくら館には地元の野菜や物産、千葉のお土産などを販売しているほか、「ワールドフレーバー」という機内食会社が運営するカフェレストラン（Ｐ１４８を参照）や、飛行機グッズのお店「フライトショップ・チャーリイズ」（Ｐ１５０を参照）も併設。授乳室・トイレ完備なので子ども連れにもやさしいスポットだ。

2

3

1

1 南風の日は目の前を大型機が着陸してゆくシーンを見ることができる。2 四季折々の花が植えられていて、その上を大型機が通過してゆくほか、夜景も美しい。3 さくら館全景。カフェや飛行機グッズのお店も併設されている。

1

2

1 館内では地元の新鮮な野菜を販売。2 お弁当や成田のお土産、アイスクリームなども販売しており、物産館のようになっている。

DATA

成田市さくらの山

なりたしさくらのやま

- 千葉県成田市駒井野1353-1
- 0476-33-3309
- 休 無休
- 成田市コミュニティバス津富浦ルート
  京成成田駅東口から約15分
  成田空港交通バス
  成田空港第2旅客ターミナル1階28番A乗り場から約15分
- https://www.nrtk.jp/enjoy/shikisaisai/sakura-kan.html

撮る
19
千葉

ひこうきの丘

タイミングが良いと、離陸する飛行機とモニュメントを画面に入れることができる！

ハート形モニュメントと飛行機で映え撮りを！

ひこうきの丘は、成田国際空港南側のA滑走路から約600mの場所に位置している施設で、航空ファンだけでなく、家族連れなどにも人気の行楽・撮影スポットとして知られている。

高い丘の上空を、世界各国の航空機が飛び交う景色を一望できる絶好のロケーションで、A滑走路を使用する航空機の大きさと、航空機のエンジン音を大迫力で感じられる。

丘から見渡す巨大な滑走路は、飛行機ファンの子どもたちも驚く壮大な風景。小高い丘の頂上では、地面にかわいいハートの絵柄が施され、ハート形モニュメントも設置されており、飛んでいく飛行機とモニュメントを背景に記念写真を撮影するのが人気だ。

施設内には飲食店「ワールドフレーバーカフェ」も設置されており、ボリュームたっぷりの自家製サンドウィッチなど、機内食工場で作ったこだわりの軽食を楽しむことができる。

1

2

3

1 ハート形のモニュメントは人気の記念撮影スポット。2 施設内に設置されたワールドフレーバーカフェの店舗。気軽に寄れる飲食コーナーだ。3 ワールドフレーバーカフェの自家製ジンジャーエール（380円）は心地良い香りとピリッとした風味が口いっぱいに広がる。

DATA

ひこうきの丘

ひこうきのおか

- 千葉県山武郡芝山町岩山2012-6
- 0479-77-3909
- 休 無休
- 首都圏中央連絡自動車道松尾横芝ICから約27分
- 成田国際空港第2ターミナルから成田空港交通バス南部博物館線ひこうきの丘下車すぐ
- https://www.town.shibayama.lg.jp/0000002556.html

撮る
20
長野

長野県松本平広域公園
信州スカイパーク

ファミリースポーツゾーンに設置された長さ25m、幅4mのミニ滑走路。センターラインや標識は実際の空港と同じもの。

旅客機&県警ヘリを迫力のドアップで！

信州まつもと空港に隣接し、スポーツ、文化、情報の交流の拠点として多機能な施設が設置された、自然に囲まれた公園だ。レンタル自転車でめぐる1周10㎞の周回コース「信州スカイロード10」が人気で、周囲の山々や飛行場の景色をサイクリングで楽しめる。

南サイクルセンターでは、自転車の貸出を行うほか、バッテリーカーや、おもしろ自転車に乗ることができる広場を併設。

ターミナルゾーンの大型木製遊具は、滑走路側に展望台を備え、望遠鏡も設置。旅客機や県警のヘリ、防災ヘリなどを、大迫力で見られるスポットだ。

1 人気の高い木製遊具には望遠鏡も設置され信州まつもと空港を一望できる。2 飛行機をお見送りしようイベントでは、空港やフジドリームエアラインズ(FDA)と連携し、ミニ滑走路で旅客機の離着陸をお見送り！

DATA

長野県松本平広域公園 信州スカイパーク

ながのけんまつもとだいらこういきこうえん
しんしゅうすかいぱーく

- 長野県松本市神林5300
- 0263-57-2211
- 8:30～17:00
- 休 無休
- 信州まつもと空港から徒歩約1分
- 一部イベントには予約が必要
- https://shinshu-skypark.net

+αで楽しめる！

一番人気のお土産はフェイスタオル

「信州スカイパーク ジャカード織フェイスタオル」(500円)はお土産の中でも特に人気。スカイパーク全体図をデザインした今治産タオルで、パーク内の総合球技場をホームグラウンドとしている、Jリーグクラブ松本山雅FCの試合観戦のお供にも。

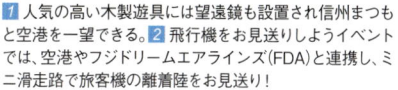

撮る 21 大阪

スカイランドHARADA

搭乗者と目が合うかも!? 屋上の遊び場

大阪国際空港（伊丹空港）は、大阪府の豊中市と池田市及び兵庫県伊丹市の2府県3市にまたがる位置にある。滑走路の南、豊中市側で隣接する「スカイランドHARADA」からは、離着陸する飛行機を目の前で見られる。

猪名川流域下水道事務所の原田処理場3系水処理施設の屋上にあり、広さは約42000㎡と広大。緑豊かな芝生広場やせせらぎ広場、多目的運動広場がある。芝生広場には複合遊具や砂場が設置され、子どもたちがのびのび遊べると好評だ。

駐車場は分離されており、ペットを連れての入場は不可、全面禁煙となっている。日陰が少ないため、特に暑い時期は日避け対策などが必要だ（テントやサンシェルター設置の際の杭打ちは禁止）。

おすすめの点は、迫力ある飛行機の離着陸が間近で眺められること。滑走路に隣接した見晴らしの良さだけではない。子どもたちの視線でも飛行機を眺めやすくなっており、格好の撮影スポットだ。

近くには、着陸する飛行機が迫るように近づき、頭上を通り過ぎていく、飛行機好きには有名な人気スポット「千里川土手」があるので、併せて楽しみたいところだ。

2

3

1

1 滑走路に近いため、迫力ある離着陸を観察できる。第2駐車場の撮影スポットならば、さらに近づける。2 芝生広場にある複合遊具。飛行機が見られるだけではなく、子どもたちの遊び心をくすぐってくれる。3 せせらぎ広場には噴水があり、暑い日も涼しげだ(下水処理水なので水遊びはできません)。

DATA

スカイランド HARADA

すかいらんど はらだ

- 大阪府豊中市原田西町1-1
- 06-6846-8181
- 9:00～17:00(駐車場は7:00～19:00)※予約不要
- 休 木曜日(ただし、祝日は開園)、12/29～1/3、駐車場は無休
- 阪急バスクリーンランド前、阪急宝塚線曽根駅より阪急バス(クリーンランド線)クリーンランド・イオンモール伊丹行きでクリーンランド前下車後、通用門まで750m(バス停から西へ歩き、最初の信号を右折後、しばらく直進すると右手に通用門がある)
- http://www.city.toyonaka.osaka.jp/shisetsu/suidou/skyland_harada/index.html

+αで楽しめる!

大阪府と兵庫県のマンホールカードをゲット!

「スカイランド HARADA」は、水処理施設の屋上にあり、大阪府と兵庫県のマンホールカードを配布している(大阪府のカードは土・日曜日、祝日のみ配布)。屋上の複合遊具など、飛行機観賞以外でも楽しめる施設だ。

撮る
22
兵庫

伊丹スカイパーク

4〜10月なら水遊びができる噴水がある広場は、飛行場に隣接している。

飛行機を眺めながら水遊びで大はしゃぎ！

伊丹スカイパークは、伊丹空港滑走路の西側真横にある全長1・2㎞の巨大公園。芝生エリアが豊富で、ピクニックをしながらのんびりと飛行機を見ることができる。4〜10月には水遊びができる噴水も稼働。高さ7ｍの冒険の丘には、巨大立体迷路キューブアドベンチャーや、ローラーの滑り台、展望遊具などが設置。遊びながら飛行機の離着陸も間近で見られる。写真を撮るなら早朝か12時以降がおすすめ。歩ける場所がフェンスより高い土手なので、簡単にキレイな飛行機写真を撮影できる。

遊具広場には、ゴムチップ舗装の安全設計遊具が設置された、1〜3歳までの幼児対象の「乳児エリア」があり、遊具の上にはボーイング777の主翼と同じ大きさ（61ｍ）の見晴台「ウィングデッキ」もある。

公園内の施設・パークセンターには、伊丹空港で実際に使われていた「航空管制レーダー」などが展示されている。

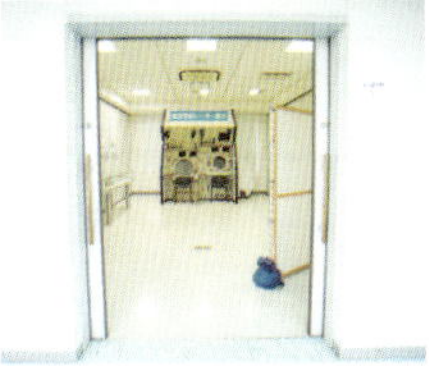

「航空管制レーダー」の実物はパークセンターに展示されている。

DATA

伊丹スカイパーク

いたみすかいぱーく

- 兵庫県伊丹市森本7-1-1
- 072-772-3447
- 7:00〜21:00（4月〜10月の土・日曜日、祝日）
9:00〜21:00（4月〜10月の平日・11月〜3月）
※夜間は閉鎖
- 休 無休
- JR伊丹駅から市バス6番乗り場22・23系統「岩屋循環」伊丹スカイパーク上須古下車
- https://www.itami-skypark.com/

1

2

3

1 タイルから噴水が出てくる水遊び場は4〜10月に稼働。熱中症対策にもピッタリだ。2 飛行機を見ながら楽しめる乳幼児エリアの砂場。3 立体迷路のキューブアドベンチャー。その上には展望台が設置されている。

撮る 23 香川

さぬきこどもの国

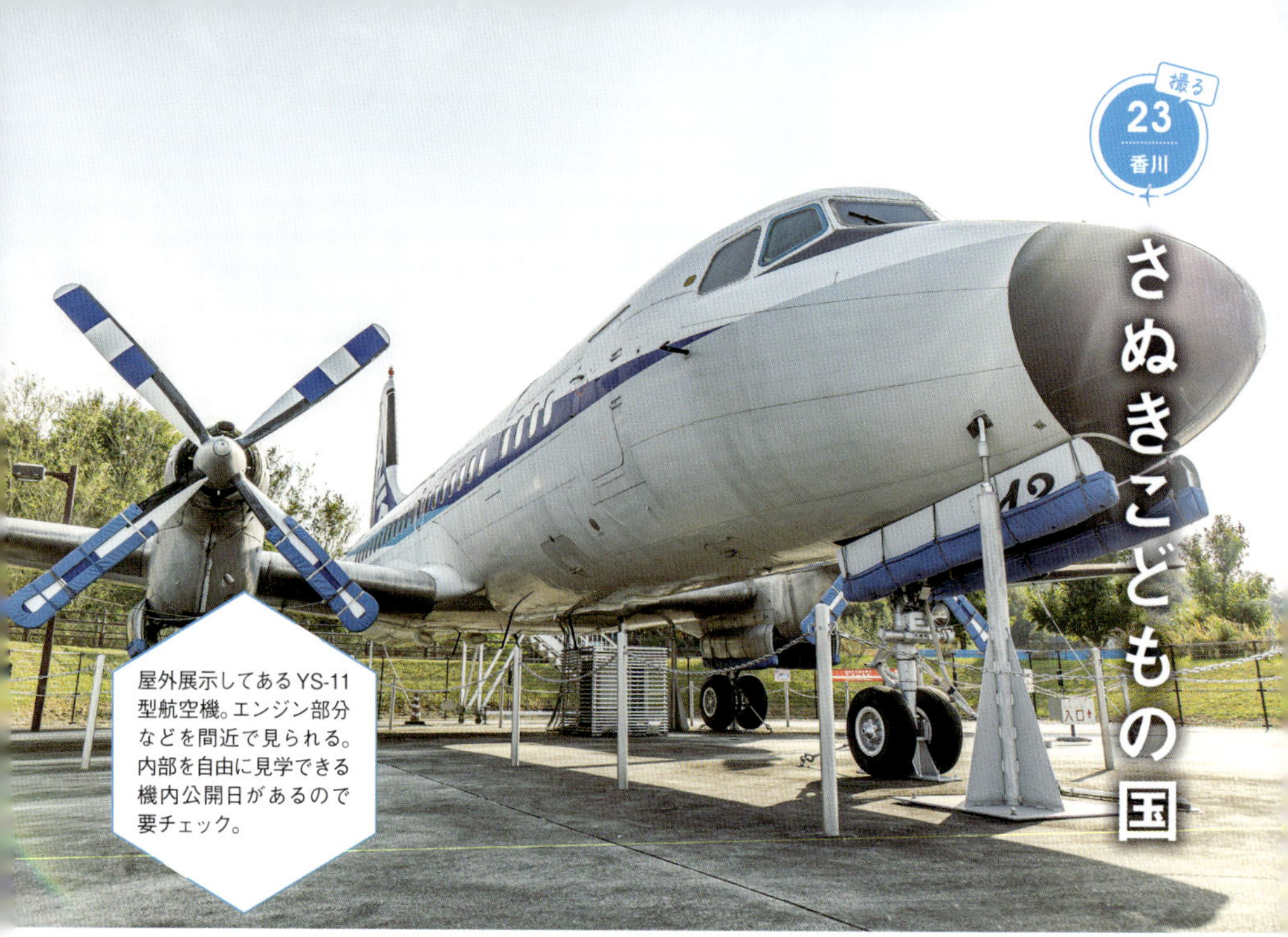

屋外展示してあるYS-11型航空機。エンジン部分などを間近で見られる。内部を自由に見学できる機内公開日があるので要チェック。

シミュレーターで航空管制官気分を味わえる

香川県唯一の大型児童館で、広大な敷地にサイクルコースやプラネタリウム、大型遊具などを備えている。高松空港の南側に隣接しているため、飛行機の迫力あるエンジン音や離着陸の様子に子どもたちは大はしゃぎだ。芝生広場では、飛行機とかけっこを試みる子どもたちの姿が見られる。

国産旅客機「YS-11」は、機内公開日（土日祝、春休み、夏休み）に、コックピットを含め内部を自由に見学可能だ。

園内のわくわく児童館では、実際に航空機で使われていたエンジンを展示。日付パネルもあるので記念撮影スポットになっている。北側のガラス面には、YS-11の機影が実物大で描かれ、翼部分には実物のプロペラがあり、大きさを体感できる。

2階のフライトスタジオもおすすめ。フライトシミュレーターでは、3種類の航空機操縦体験が可能。管制塔シミュレーターでは、航空管制官の仕事をタッチモニターで体験でき、高松空港を眺めながら、航空管制官になった気分を味わえる。

3階の展望コーナーには、望遠鏡もありじっくり観察できる。空港に隣接する児童館は、全国的にも珍しく、飛行機好きの子どもたちものびのび楽しめる施設となっている。

1 2

3 4

DATA

さぬきこどもの国

さぬきこどものくに

- 香川県高松市香南町由佐3209
- 087-879-0500
- 9:00～17:00（夏休み期間中の土曜・日曜日、祝日及び8月13日～16日は18:00まで）
- 休 月曜日（祝日の場合は翌日）、年末年始（12月30日～1月1日）、9月の第1週目の月～木曜日　※ただしゴールデンウィーク中（4月29日～5月5日）、春休み（3月25日～4月5日）、夏休み（7月21日～8月31日）、冬休み（12月25日～12月29日、1月2日～1月7日）は無休
- ¥ 無料（スペースシアター及び貸し出し自転車は有料）
- 高松市中心部から車で約35分
- https://www.sanuki.or.jp/

飛行機用語

航空管制官…航空機が安全に飛行できるように、レーダーや無線電話などを使って、地上からパイロットに情報や指示を送る仕事をする人のこと。

フライトシミュレーター…航空機の飛行状態を地上でシミュレーションし，操縦訓練や研究開発に使用する装置のこと。実際の機内と同じように製作された操縦室や計器、さらにエンジン音などの飛行状況をコンピュータが作り出し、実際の操作に連動した動きを体験できる。

1 わくわく児童館の楽しそうな外観。サイクルセンターもある中央エリアにあり、ほかに西ウイング、東ウイングエリアがある。2 わくわく児童館1階北側のガラス面に描かれたYS-11の実物大機影。翼部分に実物プロペラがあり大きさを実感できる。3 操縦桿やスロットルレバーを操作して楽しむフライトシミュレーター。飛行機のコックピットをイメージした造りで大人気。4 航空管制官の仕事をタッチモニターで体験できる管制塔シミュレーター。難易度が設定できる。

屋外エリアから見る高松空港。特に東ウイングエリアは空港ターミナルの正面にあり、人気の撮影スポット。

わくわく児童館の正面玄関に、ロッキード社製旅客機「L-1011トライスター」に実際に搭載されていたエンジンを展示。

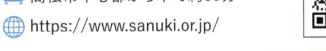

撮る
24
福岡

大井中央公園

滑走路と公園が近いため、離着陸時の迫力ある飛行機を見ることができる。便数が多いのもうれしいポイントだ。

飛行機が次々と目の前を横切っていく

福岡空港は1本の滑走路しか持たないが、国際線・国内線が離着陸する混雑空港。この滑走路の北側に位置するのが大井中央公園だ。自由に入園可能（駐車場は有料）ということもあって飛行機撮影の定番スポットとして知られている。

公園内の誰でも気軽に利用できるエリアには、複数のベンチや飛行機をモチーフにした遊具などもあり、小さな子ども連れの家族や思いっきり走り回りたい子どもたちが楽しんでいる。

何より、離着陸する飛行機との距離が近い。そのうえ、便数も多いことから飽きることなく眺められ、飛行機好きにはたまらない。市街地からのアクセスが良いのも人気の理由だ。

入園時間などがない公園なので、夜の飛行機撮影もできる。

DATA

大井中央公園

おおいちゅうおうこうえん

- 福岡県福岡市博多区大井1-6-15外、大井2-1-1外
- 休 無休
- 西鉄バス砂原下車徒歩約10分、二又瀬下車徒歩約10分
- https://www.midorimachi.jp/park/detail.php?code=204002

2

3

1

撮る 25 大分

小《お》城《ぎ》展望公園

国東半島の絶景と飛行機をWで観賞！

大分空港は国東半島の沿岸を埋め立て造成された海上空港で、空港の西側、車で約6分のところにある小《お》城《ぎ》展望公園からは、瀬戸内の景色を一望できる。好天の日には、山口県の祝島や愛媛県の佐田岬半島まで見渡すことができる。

空港を眺められる場所は、公園の先端部で、案内版が設置してある。国際線と国内線が乗り入れていることもあり、離着陸する便数も多い。東屋やベンチが設置してあり、景色を楽しみながらゆっくり滞在ができる。

東に開けた公園なので美しい朝陽も見もの。春には桜が楽しめるなど、自然豊かな環境の中で空港や飛行機を眺められる絶景スポットだ。

1 瀬戸内海の西の玄関口を行きかう船と日本各地や世界とつながる空港を同時に望める。2 空港を望む絶景スポット。祝島や愛媛県の佐田岬半島まで見渡せることも。3 桜の名所としても知られる小城展望公園。東屋やベンチ、トイレがある。

DATA

小城展望公園

おぎてんぼうこうえん

- 大分県国東市武蔵町小城1002-1
- 0978-72-5165
- 休 無休
- 大分空港から車で約6分
- https://www.city.kunisaki.oita.jp/soshiki/zaisei/ogitennboukouenn.html

COLUMN 1

飛行機の写真を格好良く撮るには

望遠レンズを使った写真が昔よりも手軽に撮れるようになったり、
最近ではスマホカメラもどんどん高性能に。
ポイントを押さえて、飛行機を撮影しに行こう！

1 空港の展望デッキや空港周辺の公園に行こう

2 天気は飛行機がキレイに見える晴れの日を選ぼう

3 飛行機のボディに光が当たる場所と時間を探そう

風向きで方向を予測 太陽光を味方につけて

空港の展望デッキや展望ホールなどの飛行機を眺められる場所で、まずは飛行機を近くで見てみよう。滑走路が見えるなら、飛行機は向かい風で離陸、着陸するため、風向きが変われば飛んで行く方向が変わるということを覚えておこう。飛行機の写真を格好良く撮るためには、飛行機のボディにキレイに光が当たる場所を探そう。例えば羽田空港の場合、太陽の動きを考えると朝から10時までは第1ターミナル、それ以降は第2ターミナルか第3ターミナルに行けば滑走路の飛行機に光が当たるので、キレイに撮影できる。

CHARLIE'S PHOTO COLLECTION

光が飛行機に良く当たるポイントで撮影するのが基本だが、あえて月をバックに影になっていたり、夕日でオレンジ色に染まった飛行機も格好良い。また、富士山や桜などの絶景と飛行機の離着陸が合う場所を探して撮影することで、ほかにはない写真が撮影できる。

＋αで楽しめる！ 撮影のポイント

1

フライトレーダー24を使おう

フライトレーダー24というアプリ（無料版もあり）を使えば、リアルタイムに世界中の飛行機の位置が分かる。これがあれば自分のそばに、あとどのくらいで飛行機が来るか分かるようになっている。

2

地面が写る場合水平が大切

離陸する飛行機は斜め上に上がる、飛行機ばかり見ていると地面が傾いた写真が撮れ、不安定な絵になってしまうので注意したい。着陸の場合はその逆で斜め下に降りてくるので、こちらも水平に注意。

3

展望デッキのフェンスに注意

展望デッキにはフェンスがあるので、近寄って撮影しないとフェンスが写り込んでしまう。また望遠レンズやスマホの望遠モードで撮る時は、カメラをしっかり持っていないとブレてしまうので気をつけたい。

chapter

02

飛行機を学ぶ

26 新千歳空港（大空ミュージアム、エアポートヒストリーミュージアム）

27 中部国際空港セントレア（フライト・オブ・ドリームズ）

28 関西国際空港（関空展望ホール スカイビュー）

29 広島空港（空港おしごとミュージアム）

30 鹿児島空港（ソラステージ）

31 所沢航空発祥記念館

32 航空図書館

33 物流博物館

41 あいち航空ミュージアム

42 岐阜かかみがはら航空宇宙博物館

43 カワサキワールド

44 sora かさい

45 ヌマジ交通ミュージアム

46 二宮《にのみや》忠八《ちゅうはち》飛行館

47 たきかわスカイパーク
（滝川市航空動態博物館）

48 神明公園（航空館boon）

34 航空科学博物館

35 科博廣澤航空博物館（ユメノバ）

36 地図と測量の科学館

37 石川県立航空プラザ

38 河口湖自動車博物館・飛行館

39 航空自衛隊浜松広報館
エアーパーク

40 学校法人 静岡理工科大学
静岡航空資料館

学ぶ
26
北海道

エアポートヒストリーミュージアムのシンボルゾーンには歴代旅客機の模型が並んでいる。中央の大型機はJALのボーイング747-400。

新千歳空港（大空ミュージアム、エアポートヒストリーミュージアム）

空港の歴史を学んでお仕事を体験！

新千歳空港は北海道の千歳市と苫小牧市にまたがって所在する国内線の基幹空港で、札幌市の南東約40㎞に位置している。新千歳空港は交通インフラの要衝としてだけではなく、文化の発信地としても機能が充実。

施設内にある「大空ミュージアム」（無料）は、コレクション展示や飛行機の歴史を学べるブース、お仕事体験ゾーンや旅客機タイヤの実物展示ブース、憧れのユニフォームを着用できる制服体験（幼児サイズ）など、飛行機好きなお子さんも大満足のミュージアムとなっている。

「エアポートヒストリーミュージアム」（無料）では、新千歳空港の過去からの移り変わりをパネルで紹介。貴重な歴代制服や飛行機の模型を数多く展示した、飛行機マニアなら一度は見てみたい博物館である。

そのほか、空港内では「新千歳空港ソフト・アイスクリーム総選挙」など、さまざまなイベントが開催されている。

国内線ターミナルビル４階には、新千歳空港温泉が設置。旅の前後に宿泊することもできるリラックス施設だ。

2

3

1

1 大空ミュージアムのチビッコ制服体験（幼児サイズ）でパイロットやCAに変身！ 2 エアポートヒストリーミュージアムのギャラリーゾーンには、各時代のCAの制服がズラリ。貴重な資料が一度に見られる！ 3 大空ミュージアムでは巨大な旅客機のタイヤ（実物）を間近に見ることができる。もちろん触ることも可能。

DATA

新千歳空港（大空ミュージアム、エアポートヒストリーミュージアム）

しんちとせくうこう（おおぞらみゅーじあむ、えあぽーとひすとりーみゅーじあむ）

- 北海道千歳市美々987-22
- 案内所 0123-23-0111（音声ガイダンスによる自動応答システム）
- 5:00～23:30
- 休 無休
- JR新千歳空港駅直結
- https://www.hokkaido-airports.com/ja/new-chitose/

新千歳空港は日本初の24時間運用の空港で、西側には航空自衛隊千歳基地が隣接している。

+αで楽しめる！

空港を満喫した後に寄りたいドラえもんの世界が楽しめるカフェ

「ドラえもん わくわくスカイパーク」内カフェの一番人気は「スカイパークプレート」（1,100円）。飛行機形プレートに乗ってくる「ドラえもん顔のチキンライス」がかわいい。

学ぶ
27
愛知

フライトパークに展示されているボーイング787初号機は、飛行テストで実際にフライトを行っていた本物の機体だ。

中部国際空港 セントレア（フライト・オブ・ドリームズ）

ボーイング787初号機が屋内に！

セントレアの愛称を持つ中部国際空港は、レジャースポットとしても人気だ。

長さ約300mの「スカイデッキ」は、左右に飛行機を見ながら歩くことができるレアな展望デッキ。先端から誘導路までの距離は約50mと至近距離で飛行機を眺めることができる。

施設に併設された複合商業施設「フライト・オブ・ドリームズ」には、旅客機ボーイング787の飛行試験機が展示された、航空について学べる「フライトパーク」と、ボーイング創業の街シアトルをテーマにした商業エリア「シアトルテラス」の2つのエリアがある。ボーイング787はエンジンやコックピットも間近で見学ができる。

イベントも充実。「セントレアまるわかりツアー」（事前予約制・有料）は、空港会社社員がツアーガイドとなり、立ち入りが制限されているエリアを見学。管制塔や滑走路をまわるだけでなく、一部では降車でき、飛行機の離着陸を楽しめる。

第1ターミナルセンターピア屋上のスカイデッキは、天気が良ければ名古屋港を行きかう船舶を見られる（利用時間7:00〜21:30）。

1 2

3 4

1 高さ2mの見学台に上って、直径2.8mもある本物のエンジンを間近で見ることができる。2 ボーイング787初号機のコックピットは見学可能で、飛行中の状態をリアルに再現。3 セントレアまるわかりツアーの滑走路見学コースでは、滑走路中央部の降車ポイントでバスから降りて見学が可能。4「航空ファンミーティング」ステージでは CA などによるクイズ大会や業務紹介、ブースではグッズ販売や制服の試着などが行われる。

DATA

中部国際空港セントレア
(フライト・オブ・ドリームズ)

ちゅうぶこくさいくうこうせんとれあ(ふらいと・おぶ・どりーむず)

- 愛知県常滑市セントレア1-1
- 0569-38-1195
- 第1ターミナル 4:40～23;30
  ※1階ウェルカムガーデン、2階到着ロビー、アクセスプラザは24時間開放
  第2ターミナル
  ・2階出発ロビー 4:30～21:30
  ・1階到着ロビー 4:00～23:00
  フライト・オブ・ドリームズ
  ・1階 フライトパーク 10:00～17:00
  ・2階・3階 シアトルテラス 10:00～18:30
  ※シアトルテラスの営業時間は店舗により異なる
- 休 無休
- 名鉄名古屋駅から中部国際空港駅まで最短28分
- 名古屋市内から約1時間
- https://www.centrair.jp/index.html

+αで楽しめる!

目一杯飛行機を楽しんだら飛行機グッズを手に入れよう

後部にある星形マスコットを引くとプルプル走る「ぷちぷるぷるストラップJAL/ANA」(各770円)は、ふわふわもちもちでお子さんにも大人気。多彩な種類の航空会社の「飛行機ミニモデルプレーン」(1,980円)は、コレクションに最適だ。

学ぶ
28
大阪

関西国際空港
（関空展望ホール スカイビュー）

飛行機の模型がずらりと並ぶジオラマは壮観。マークを見て、空港に乗り入れている航空会社が分かるかな？

360度のパノラマ展望デッキが人気

大阪市の南西に位置する関西国際空港は、西日本の国際的な玄関口。

注目は、滑走路とターミナルビルが一望できるパノラマ展望デッキ。縦方向に滑走路を眺められる珍しい施設で、晴れた日は明石海峡大橋まで見渡せる。

メインホール5階には、子どもが楽しく遊べる遊具がある「プレイエリア」、ピクニック気分を味わえる「レストエリア」があり、家族連れに人気だ。

施設内にある全身で空港と飛行機を学べる、体験型の見学・学習施設「スカイミュージアム」の中央に設置された全長約30m、1／72スケールで作られた巨大なターミナルビルのジオラマは必見。ジオラマを囲むように学習展示などが設置され、小さな子どもたちも楽しめるキッズコーナーもある。関西国際空港に就航している航空会社や航空機メーカーの関連商品など、多種多様な商品を取り揃えている「スカイショップタウン」も注目のスポットだ。

メインホール4階・5階とエントランスホール5階にある、パノラマで見渡せる展望デッキからの眺望は一見の価値あり。

DATA

関西国際空港
(関空展望ホール スカイビュー)

かんさいこくさいくうこう
(かんくうてんぼうほーる すかいびゅー)

- 大阪府泉佐野市泉州空港北1 関空展望ホールスカイビュー
- 072-455-2082
- 展望デッキ・スカイショップタウン・駐車場 10:00〜17:00
  スカイミュージアム 11:00〜16:00
- 休 無休
- 第1ターミナルビル前1番バスのりばから展望ホール行きバス(無料)で約6分
- 一部空港開催イベントは要応募の場合有
- (関西国際空港)https://www.kansai-airport.or.jp
  (関空展望ホールスカイビュー)https://www.kansai-airport.or.jp/shop-and-dine/skyview/

写真提供:関西エアポート

+αで楽しめる!

関西エアポートグループ公式キャラクターの「そらやん」と記念撮影!

施設内では、公式キャラクター「そらやん」と一緒に記念写真を撮ることができる「そらやんグリーティング」が不定期で開催されている。そらやんは関西3空港のどこかの展望デッキに住んでいるとの噂も。

学ぶ
29
広島

広島空港（空港おしごとミュージアム）

2

3

1

1 展望デッキでは、広島空港に発着する国内線、国際線のさまざまな種類の飛行機を間近で見ることができる。2 展示された、実際に使用されていたジェットエンジンの部品や前輪。3 空港おしごとミュージアムでは、空港の仕事をパネルで分かりやすく学ぶことができる。

実物展示や空港のお仕事紹介は必見！

広島市中心部から約50㎞、三原市本郷町に所在。

空港内の「空港おしごとミュージアム」は飛行機好きなら必見だ。航空機備品展示コーナーには、ジェットエンジンや前輪、機内食やドリンクを機内に積み込むギャレーの実物が展示されている。また、空港事業者の仕事を紹介する「空港でつなぐお仕事バトン」など、さまざまな展示を楽しめる。

人気イベントは、「制限区域バスツアー」。職員も立ち入りを制限されている滑走路の外周道路をバスで走行し、離着陸する飛行機を間近で見たり、空港用化学消防車を見学できることも。参加者限定の記念品も人気の秘密だ。

DATA

広島空港
（空港おしごとミュージアム）
ひろしまくうこう（くうこうおしごとみゅーじあむ）

- 広島県三原市本郷町善入寺 64-31
- 0848-86-8151
- 6:00～22:30　※広島空港の開館時間に準じて変更となる場合有
- 休 無休
- 広島駅新幹線口や西条駅、白市駅、福山駅など、主要なJR駅から広島空港までバスが運行
- https://www.hij.airport.jp/

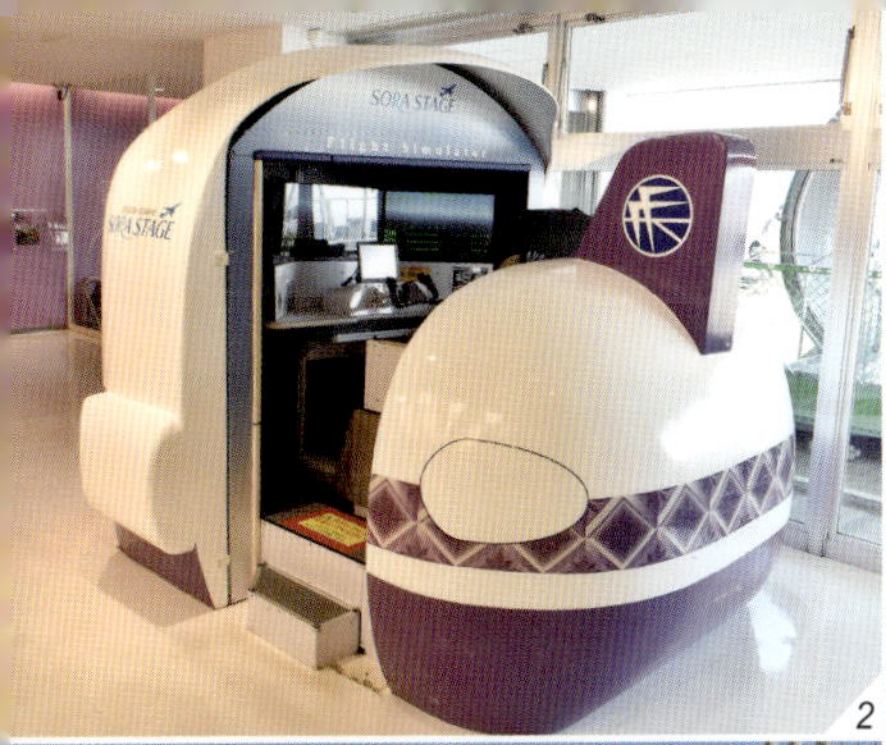

学ぶ 30 鹿児島

鹿児島空港（ソラステージ）

本物の飛行機エンジンパーツを間近で！

鹿児島空港は、鹿児島県霧島市にある国管理空港で、レジャースポットとしても親しまれている。

誰もが楽しめる空港がコンセプトの航空展示室「ソラステージ」では、鹿児島空港の歴史や現在就航している航空会社を紹介するほか、モデルプレーンや写真パネルも見られる。本物の飛行機エンジンのパーツや翼の一部の展示は、航空機の大きさを体感できると好評だ。行先表示装置の「反転フラップ式案内表示機」は、実際に鹿児島空港ロビーで使用されていたもので、大人世代には懐かしい。

飛行機の離着陸を一望できる展望デッキからは、晴れた日には霧島連山も見ることができる。

1 エンジンパーツや翼の一部が展示されているソラステージ。エンジンのファンブレードなどなかなか間近で見られないパーツも見られる。2 ソラステージには操縦を疑似体験できるフライトシミュレーターも設置されている。稼働は9:00～17:00で、料金は200～300円。3 展望デッキからは、さまざまな特殊車両が働いている様子を見たり、大迫力の航空機のエンジン音を聞いたりできる。

DATA

鹿児島空港（ソラステージ）

かごしまくうこう（そらすてーじ）

- 鹿児島県霧島市溝辺町麓822
- 0570-200-403
- 国内線 6:00～21:40
  ※閉館時間は飛行機の運航状況により変更の可能性有
- 休 無休
- 鹿児島中央駅からバスで約40分
- https://www.koj-ab.co.jp/

写真提供：鹿児島空港ビルディング株式会社

学ぶ
31
埼玉

所沢航空発祥記念館

ロビーに展示されている日本初の国産軍用機「会式一号機（レプリカ）」。当時は、加工機械もなく手作業で製作された。

日本の航空の歴史はここからはじまった

所沢航空発祥記念館は、1911（明治44）年に日本で最初に開設された所沢飛行場の跡地・県営所沢航空記念公園内にある。「日本の航空発祥の地」として知られ、航空研究や航空機製作、航空教育は、この地からはじまった。

所沢航空発祥記念館は、公園の中心的存在として1993年に開館。実機やレプリカを多数収蔵し、フライトシミュレータでの模擬操縦体験などが行えるほか、所沢の歴史などについて楽しく学べる。

館内では、飛行機やヘリコプター、グライダーを展示。さまざまな機体を間近で見ることができる。中でも、シンボル的な存在が「会式一号機（レプリカ）」だ。1911年に所沢の空を飛んだ日本初の国産軍用機として知られている。ほかにも「セスナT310Q」は、操縦席に乗り込み操縦桿を操作すると翼の一部を動かすことができ、操縦桿と翼の連動を学べる。

屋外展示としては、戦後初の国産旅客機（元エアーニッポン機）「YS-11」が、航空公園駅東口駅前広場に展示されている。

子どもたちに人気といえば、フライトシミュレータ。模擬操縦で東京スカイツリー周辺やサンフランシスコなどの景色を観光フライト気分で楽しめる。

1

2

3

4

1 セスナ T310Q は分解展示されているため、方向舵や昇降舵を操作すると動く様子が分かるようになっている。2 フライトシミュレータ「スカイビュー」。操縦桿とスロットルレバーを動かし、ヘリコプターや水陸両用機などを操縦できる。3 キッズ・チャレンジ倶楽部は、興味のあることに挑戦していく気持ちを大切にする活動。教室スケジュールは公式サイトを参照。4 ワークショップは、飛行の原理をメインテーマにした参加型体験コーナー。開館日であれば毎日開催され、誰でも参加できる。

館内のカフェレストランで人気の「お子様プレート(ドリンク付き)」(650円)。飛行機形のプレートがかわいい。

DATA

所沢航空発祥記念館

ところざわこうくうはっしょうきねんかん

- 埼玉県所沢市並木1-13 所沢航空記念公園内
- 04-2996-2225
- 9:30～17:00(最終入館は16:30まで)
- 休 月曜日(ただし、祝日と重なる場合はその翌平日)、年末、元日
- ¥ 展示館　大人520円、小・中学生100円
  大型映像館　大人630円、小・中学生260円
  展示館・映像館セット券　大人840円、小・中学生320円
- 西武新宿線 航空公園駅から徒歩約8分
- 一部のイベントはWeb予約が必要
- https://tam-web.jsf.or.jp

+αで楽しめる！

お土産は館内のミュージアムショップでゲット！

人気商品は「記念缶マグネット」(各440円)。展示されている航空機のイラストが描かれているので、来館の記念におすすめだ。

飛行機用語 グライダー…航空機の一種だが、エンジンなどの動力を用いずに滑空し、上昇気流を利用することで、長時間、長距離のフライトを行うことができる。

学ぶ
32
東京

航空図書館

館内には旅客機で使用されていた本物のシートが設置されており、座ってゆっくりと読書ができる。

一歩足を踏み入れたら そこは航空資料の宝庫

航空図書館は、航空宇宙の新捗発展に寄与することを目的とする一般財団法人日本航空協会が運営。飛行機や航空宇宙産業に関する資料約2万3千冊の蔵書がある。

館内へ一歩足を踏み入れると、本物の旅客機で使用されたシート、モデルプレーンの展示、飛行機にちなんだ小物など、見どころは満載。100年以上の歴史を持つ、飛行機の百科事典「Jane's All the World's Aircraft」はぜひチェックしたい。創刊1909年の号から揃う、貴重な資料だ。

夏休み期間には、小～高校生がいる家族連れも多く来館する。

入口には滑走路が描かれたカーペットが。ほかにも随所に飛行機好きにはたまらない工夫が施されているので、ぜひ探してみよう。

航空図書館を運営している日本航空協会主催のイベント『スカイ・キッズ・プログラム』では、熱気球、パラグライダー、模型飛行機の3種目を体験できる航空スポーツ教室を実施している。詳しくは公式サイトをチェックしよう。

DATA

航空図書館

こうくうとしょかん

- 東京都港区新橋1-18-1 航空会館6階
- 03-3502-1205
- 【平日】10:00～17:00
- 休 土・日曜日、祝日、年末年始、特別整理期間
- ¥ 無料
- JR新橋駅日比谷口から徒歩約5分
東京メトロ銀座線・都営浅草線新橋駅7番出口から徒歩約5分
都営三田線内幸町駅A2出口から徒歩約1分
- https://www.aero.or.jp/culture/library/

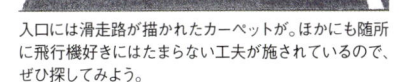

学ぶ
33
東京

物流博物館

飛行機関連の展示物は、地下1階の「現代の物流」展示室にある。

「陸海空の物流ターミナル」ジオラマ模型の空港貨物地区。見ているだけでワクワクしてくる。

世界に貨物を届ける飛行機について学ぼう

物流博物館は、その名の通り「物流」を専門に扱う日本唯一の博物館だ。

飛行機好きへのおすすめは、現代物流の要所である空港、港湾、鉄道、トラックの各ターミナルの様子を伝える大型ジオラマ模型。空港の貨物専用地区ではハイリフトローダーがジャンボフレーターに貨物を上げ下げする様子を再現。ジオラマ前のモニターでは、空港での貨物輸送に関わる仕事を見ることができる。

ほかにも、物流について映像、クイズ、ゲームなどで分かりやすく紹介されている。体験コーナーもあり、さまざまな形で物流を学べる博物館だ。

「陸海空の物流ターミナル」ジオラマ模型。1／150の縮尺で物流現場の24時間を紹介している。

DATA

物流博物館

ぶつりゅうはくぶつかん

- 東京都港区高輪4-7-15
- 03-3280-1616
- 10:00～17:00（入館は16:30まで）
- 休 月曜日・第4火曜日（祝日は開館）、祝日の翌日、年末年始、展示替・資料整理期間
- ¥ 高校生以上200円、65歳以上100円、中学生以下無料
- 品川駅高輪口から徒歩約7分、都営浅草線高輪台駅A1出口から徒歩7分
- https://www.lmuse.or.jp

+αで楽しめる！

「選べる映像ルーム」で物流現場について学ぼう

「選べる映像ルーム」では現代の物流はもちろん、昔の物流現場のことも分かる珍しい映画を観ることができる。飛行機もさまざまな映像に登場するので要チェックだ。

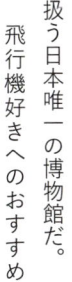

学ぶ 34 千葉

航空科学博物館

ボーイング747の1／8スケール大型模型。後方のコックピットから操縦体験ができる。周囲には、胴体断面やエンジンなどを展示。

操縦体験も可能！日本初の航空専門博物館

日本を代表する「空の」玄関口である成田国際空港に隣接するのが、日本で最初の航空専門博物館「航空科学博物館」だ。

飛行機が離着陸するダイナミックな風景の下、屋外展示場には実物の航空機約20機が並び、機内を解放（一部有料）している。中でも注目は、日本の航空技術の粋を集めた国産旅客機YS-11の試作第1号機だ。60～70人乗りのプロペラ機で、初飛行を成功させたのは1962年。現時点では戦後日本で設計・製造された唯一の旅客機である。

管制塔を模した5階建ての館内へは、滑走路に見立てた玄関アプローチから入る。展示があるのは1～2階フロア。おすすめは、成田国際空港との関わりが深いジャンボジェット・ボーイング747の1／8スケール大型模型。世界最大級の可動する飛行機模型だ。コックピット内での操縦に合わせ、機体やフラップなどが可動する。

ボーイング747の機首部分の実物展示もおすすめ。有料ガイドツアーに参加すれば、中に入れ、機体構造やコックピット周りの解説を聞くことができる。

4階は空港を眺めながら食事ができるレストラン。人気メニューは「機内食風ランチ」（1200円）。3階は展望台、5階は展望室で離着陸する飛行機を間近で見ることができる。

1

2

3

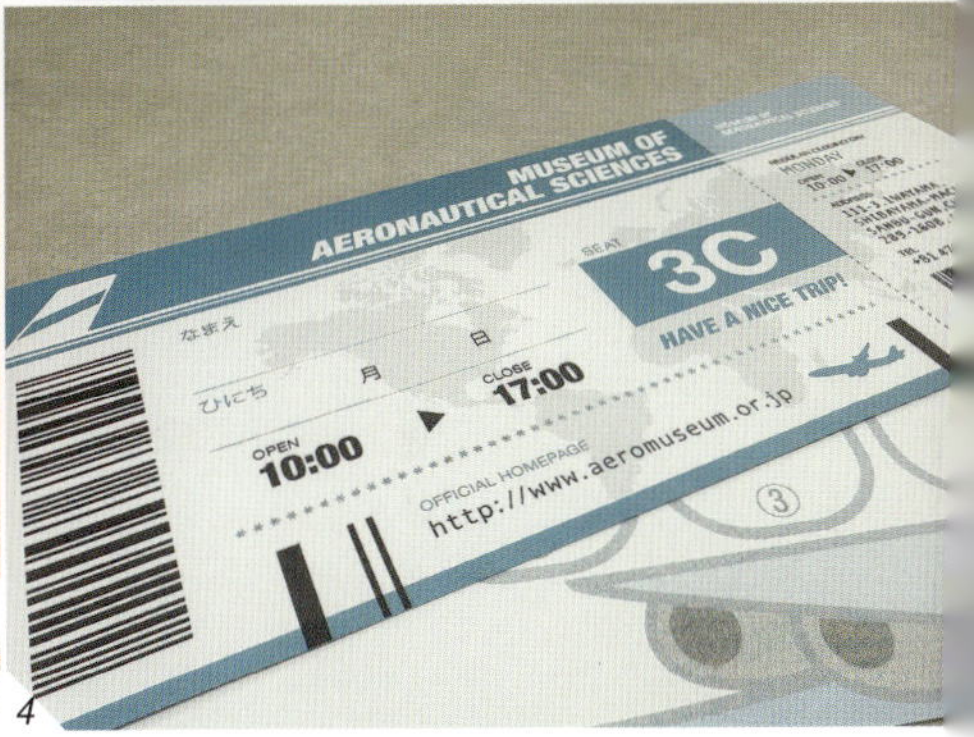

4

1 1962年に名古屋空港で初飛行に成功した国産旅客機 YS-11の試作第1号機。日本の航空機技術の原点を垣間見ることができる。2 ボーイング社が「セクション41」と呼んでいた、ボーイング747の機首部分。ガイドツアー(有料)は一見の価値あり。3 人気のミニ折り紙飛行機教室。小さなお子さんでも参加でき、所要時間は約15分(不定期開催)。4 館内スタンプラリー(台紙1枚200円)への参加で、博物館オリジナルグッズがもらえる。

DATA

航空科学博物館

こうくうかがくはくぶつかん

- 千葉県山武郡芝山町岩山111-3
- 0479-78-0557
- 10:00〜17:00(入館は16:30まで)
- 休 月曜日(祝日の場合は翌日)、12/29〜31
- ¥ 大人700円、中学・高校生300円、小人(4歳以上)200円
- 京成またはJR空港第2ビル駅から路線バスで約15分
- https://www.aeromuseum.or.jp

+αで楽しめる!

レストラン「バルーン」で食事でも飛行機を満喫!

4階レストラン「バルーン」では、離着陸する飛行機を眺めながら食事ができ、キッズメニューも充実。「お子様ランチ」(700円)「お子様カレー」(700円、おもちゃ付き)は飛行機の形をした器とご飯がかわいい。人気メニューは「機内食風ランチ」(1,200円)。

学ぶ 35 茨城

科博廣澤航空博物館（ユメノバ）

国産初の旅客機や南極観測ヘリを展示！

茨城県筑西市にあるザ・ヒロサワ・シティ内のテーマパーク「ユメノバ」には、航空機をはじめとした、陸・海・空・宇宙の貴重な乗り物を集めた展示施設が揃っている。

科博廣澤航空博物館もそのひとつ。国立科学博物館が所有する機体などが展示されている。特に我が国唯一の純国産開発の民間輸送機ＹＳ-11の量産初号機は貴重な文化財。１９６５年就航、１９９８年引退。保管されていた羽田空港から移設された。また、南極観測船「宗谷」と共に１９５８年～１９６２年の南極観測で使用されたヘリコプター、シコルスキーＳ58（実物）も展示されている。

人気の展示は「ゼロ戦」こと、零式艦上戦闘機。ニューブリテン島ランパート岬沖で引き揚げられた本物の機体である。また、コックピットに座って「機長体験」ができる機体、ガルフストリームⅡは、１９６６年当時の最高級ビジネスジェット機なので、機内も見応えがある。

ガルフストリームⅡのコックピット。エアステア（客室ドアに内蔵された階段）と客席後部の階段から機内に入る。

1

2

3

4

1 シコルスキー S58。1959(昭和34)年に南極に残されていた樺太犬、「タロ」「ジロ」を救出。2 展示の YS-11。日本機械学会「機械遺産」、日本航空協会「重要航空遺産」、日本航空宇宙学会「航空宇宙技術遺産」に認定された。3 ゼロ戦の展示。当機は初期の主力機21型を複座に改装してある。4 サボテン園内にはセスナ機が展示されているので、こちらも要チェック。

DATA

科博廣澤航空博物館（ユメノバ）

かはくひろさわこうくうはくぶつかん（ゆめのば）

- 茨城県筑西市ザ・ヒロサワ・シティ
- 0296-48-7417
- 10:00～17:00（団体のみ要事前連絡）
- 休 月曜日（祝日の場合は火曜日休館。大型連休・年末年始等は別途設定）
- ¥ 大人2,500円、お体が不自由な方500円、高校・大学生1,000円、中学生700円、小学生500円
- JR水戸線、関東鉄道常総線、真岡鐵道下館駅北口から筑西市道の駅循環バスで約22分、廣澤美術館下車（全日運行）、筑西市広域連携バスで約12分、廣澤美術館下車（土日祝運行）
  JR水戸線、関東鉄道常総線、真岡鐵道下館駅南口からタクシーで約10分
- http://www.shimodate.jp/

飛行機用語

戦闘機…航空機が安全に飛行できるように、レーダーや無線電話などを敵機への攻撃や迎撃、味方航空機の護衛を主な任務とする軍用機のこと。

＋αで楽しめる！

ユメノバオリジナルグッズを手に入れよう！

ユメノバ内の売店には、科博廣澤航空博物館所蔵の機体が勢揃いしたクリアファイル（500円）など、オリジナルグッズが盛りだくさん。

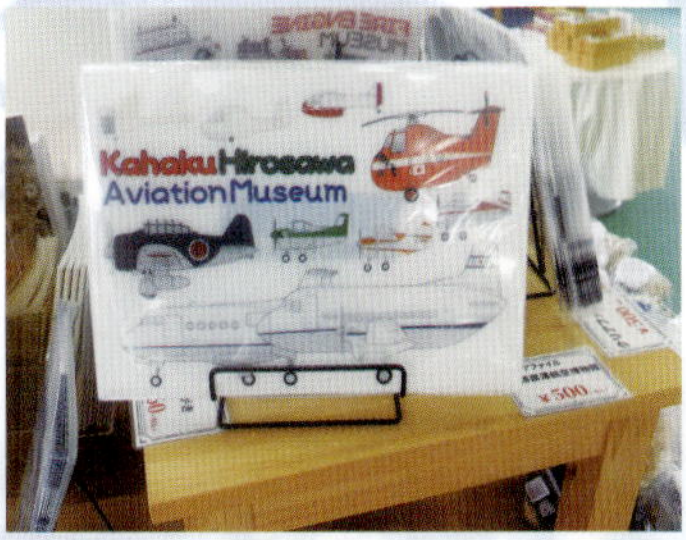

学ぶ
36
茨城

地図と測量の科学館

測量用航空機「くにかぜ」。1960（昭和35）年から1983（昭和58）年まで、国土地理院が地図を作成するための空中写真の撮影などに使用した。

地図作りにおける飛行機の活躍を学ぶ

「地図と測量の科学館」は、地図や測量に関する歴史、原理や仕組み、新しい技術などに関する資料を集めた施設だ。2階建ての展示館と、屋外の「地球ひろば」がある。

屋外展示されている測量用航空機「くにかぜ」は、地図を作成するために空中写真の撮影などに使われた。「測量の日（6月3日）」前後の特別企画やイベント時などに機内が公開され、操縦席にも座れて記念撮影も可能。航空カメラの位置やその撮影方法などが興味深い。歩いて測量していた時代から現代までの技術を学べる、貴重な施設となっている。

1

2

1 日本列島空中散歩マップ（1／10万スケール。赤青の3Dメガネをかければ、山並みなどが立体的に体感できる。2 日本列島球体模型。直径約22m（4,400km）、高さ約2m（400km）。旅客機は約1万m上空を飛ぶため、球体模型上では約5cmの上空を飛んでいることになる。

+αで楽しめる！

「くにかぜ」プリントのオリジナルクッキー

おすすめのお土産は「地図記号クッキー」（918円）。地図記号のほか「くにかぜ」の絵柄がプリントされている。

DATA

地図と測量の科学館

ちずとそくりょうのかがくかん

- 茨城県つくば市北郷1
- 029-864-1872
- 9:30〜16:30
- 休 月曜日（祝日の場合は順次翌日）、年末年始（12月28日から1月3日）
- ¥ 無料
- つくばエクスプレスつくば駅からバス（5番のりば）で約10分
- https://www.gsi.go.jp/MUSEUM/

学ぶ
37
石川

石川県立航空プラザ

ブルーインパルスをはじめ、南極観測で活躍した短距離離着陸機や各種ヘリコプター、F104戦闘機など実機が展示されている。

見て聞いて触って楽しめる航空博物館

石川県にある小松空港のすぐ近くに石川県立航空プラザはある。日本海側では珍しい航空機の博物館だ。見て、聞いて、触って、航空文化を体験できる施設を目指し、17機の小型飛行機やジェット戦闘機の実機展示に加え、航空機の歴史や仕組みの紹介もしている。入館無料とは思えない、わざわざ訪れる価値がある人気の博物館だ。

1階大展示場では、実機12機を展示。最低限の囲いしかないので、機体に触れられる。実機展示の横には飛行機形大型遊具を備えた「ぶ〜んぶんワールド（子ども広場）」があり、室内にあるので雨の日でも遊べる。

2階展示室の注目は展示方法。壁に沿う形でパネルを設置し、約３００機に及ぶ模型が並ぶ。解説パネルには全てふりがながあり、小さなお子さんにも分かりやすい。

珍しいところでは、２０１９年3月末に退役した初代政府専用機「B-７４７-４００」（2号機）の貴賓室（実物）が当時の姿のまま展示されている。フライトシミュレーターも数種類あり人気だ。

春と秋には、プラモデル展示会やセスナシミュレーター操縦体験、バルーンアートプレゼントなど楽しいイベントが開催されている。

＼ ＋αで楽しめる！ ／

丈夫で良く飛ぶ！ 航空プラザ限定紙飛行機

飛行機関係グッズの品揃えが豊富な売店は、遠方からも航空ファンが訪れるほど。おすすめは、フライベリーシリーズの「電動紙飛行機」（3,300円）や「手投げ紙飛行機」（1,100円）。

DATA

石川県立航空プラザ

いしかわけんりつこうくうぷらざ

- 石川県小松市安宅新町丙92
- 0761-23-4811
- 9:00～17:00
- 休 年末年始（12/29～1/3）
- ¥ 入館無料、シミュレーターは有料（200～500円）
- JR小松駅からバスで小松空港へ約10分、その後徒歩約4分
- https://komatsu-ccf.x0.com/culture/aviation_plaza/

1

2

3

1 約300機ある模型は壮観。壁伝いにA380型の画像を利用した航空機の仕組み解説、風洞装置での飛行原理解説などがある。2 ボーイング747-400型機を改修した初代政府専用機の貴賓室。退役するまでセキュリティーの関係上非公開だった。3 YS-11A旅客機シミュレーター。係員の説明を受けた後、小松飛行場から離陸～飛行～小松飛行場へ着陸の操縦体験ができる。

学ぶ 38 山梨

河口湖自動車博物館・飛行館

1944（昭和19）年5月ごろに生産されたゼロ戦52型。後期の機体で、栄31型エンジン、四式射爆照準機などを装備している。

毎年8月限定で見られる旧日本軍の軍用機

山梨県の富士桜高原内にある河口湖自動車博物館・飛行館。開館は毎年8月の1か月間のみ。2つの博物館があり、貴重なコレクションが保管・展示されている。

飛行館では、太平洋戦争の歴史遺産でもある旧日本軍の軍用機やエンジンを中心に展示。実機を回収し復元したものが多くを占める。ちなみに「旧日本軍の戦闘機＝ゼロ戦」と思っている人も多いが、ゼロ戦とは旧日本海軍の主力戦闘機「零式艦上戦闘機」のこと。ここでは、21型と52型の2機を見ることができる。また、旧日本陸軍の一式戦闘機「ハヤブサ1型・2型」、山本《やまもと》五十六《いそろく》元帥が最期に搭乗した同型機の「一式陸上攻撃機」の胴体、戦争末期に登場した人間ロケット・特攻専用自爆機「桜花《おうか》」など、貴重な展示がある。

日中戦争末期から太平洋戦争にかけて生産された戦闘機で最も優れた運動性能を持つ航空機、ゼロ戦とハヤブサを同時に見られるのは世界で唯一ここだけだ。

1

2

3

1 ゼロ戦こと零式艦上戦闘機 21型。90%以上オリジナル部材を使用し、栄12型エンジンを装備した世界で唯一の復元機体。2 一式陸上攻撃機 22型。1941～1945年に作られた双発の傑作機。2,400機生産されたが、復元・現存の機体はこの展示機のみ。3 特攻専用自爆機・桜花。一撃で大型艦を沈める爆弾を搭載して一式陸上攻撃機に吊され、目標付近で分離、敵艦へ体当たりをした。

DATA

河口湖自動車博物館・飛行館

かわぐちこじどうしゃはくぶつかん・ひこうかん

- 山梨県南都留郡鳴沢村富士桜高原内
- 0555-86-3511
- 10:00～16:00（予約不要）
- 9月～翌7月まで休館
  ※8月の1か月間のみ開館、期間中は無休
- 飛行館　大人1,500円　小人(18歳以下)500円
  5歳以下無料
  自動車館　大人1,000円　小人(15歳以下)500円
  5歳以下無料
- 中央自動車道・河口湖IC/東富士五湖道路・富士吉田ICから車で約10分
- https://www.car-airmuseum.com

学ぶ
39
静岡

航空自衛隊 浜松広報館 エアーパーク

展示格納庫。航空自衛隊を支えてきた数々の航空機が実物展示されている。

ブルーインパルスの操縦をVRで体感！

航空自衛隊浜松広報館エアーパークは、「もっと航空自衛隊について知ってほしい!!」との思いから生まれた。平日には目の前の浜松飛行場で訓練があり、数多くの飛行機を展望スペースから見られる。

展示資料館2階には、創設から現在まで、航空自衛隊が使用してきた航空機の模型が展示されている。サイズは全て1／32で統一されているため、大きさの違いが良く分かる。

展示格納庫には、歴代ブルーインパルスをはじめ、実物の機体を展示。操縦席に座り、操縦桿を握れる機体もある。特にT−4は、現在も飛行訓練等で使われている機体だ。

ブルーインパルスコーナーでは、操縦者が飛行中に見ている世界をVRゴーグルで体験できるようになっており、迫力ある映像で大人気。映像シアターやカフェ、ミュージアムショップなどもあり、ほかにはない特別感たっぷりの施設だ。

月1回（3月を除く）、月末の日曜日には、隊員による航空自衛隊の仕事についての解説を聞くことができ、一部の車両にも乗れる体験イベントが開かれる。24時間365日絶えずさまざまな任務を行う航空自衛隊のことを知ることができる、貴重な博物館だ。

2

3

1

ミュージアムショップ TSUBASA では、自衛隊や飛行機関連のグッズ、浜松のお土産などを販売。

1 3機の歴代ブルーインパルスは、操縦席に座り操縦桿を握ることができる。2 1/32サイズの航空機模型が並ぶ。全て航空自衛隊が使用してきた航空機だ。3 VRゴーグルを装着して行うブルーインパルスの映像体験。ゴーグルによっては13歳以上でないと使用できないので要注意。

DATA

航空自衛隊浜松広報館 エアーパーク

こうくうじえいたいはままつこうほうかんえあーぱーく

- 静岡県浜松市中央区西山町
- 053-472-1121
- 9:00～16:00（予約不要、アトラクションは先着順）
- 休 月曜日、最終火曜日、3月第2火～木曜日、年末年始　※諸般の事情により変動
- ¥ 無料
- 浜松駅から遠鉄バスで約30分、泉4丁目下車、徒歩約10分
- https://www.mod.go.jp/asdf/airpark/index.html

+αで楽しめる！

ブルーインパルスにちなんだメニューを食べよう！

航空自衛隊の創隊70周年記念に喫茶コーナーで特別メニューを販売。ブルーインパルス（青い衝撃）をイメージした青いカレーや航空自衛隊のブルーと雲海に浮かぶ富士山をイメージしたドリンクなど、見た目も楽しい。

学ぶ

40

静岡

学校法人 静岡理工科大学 静岡航空資料館

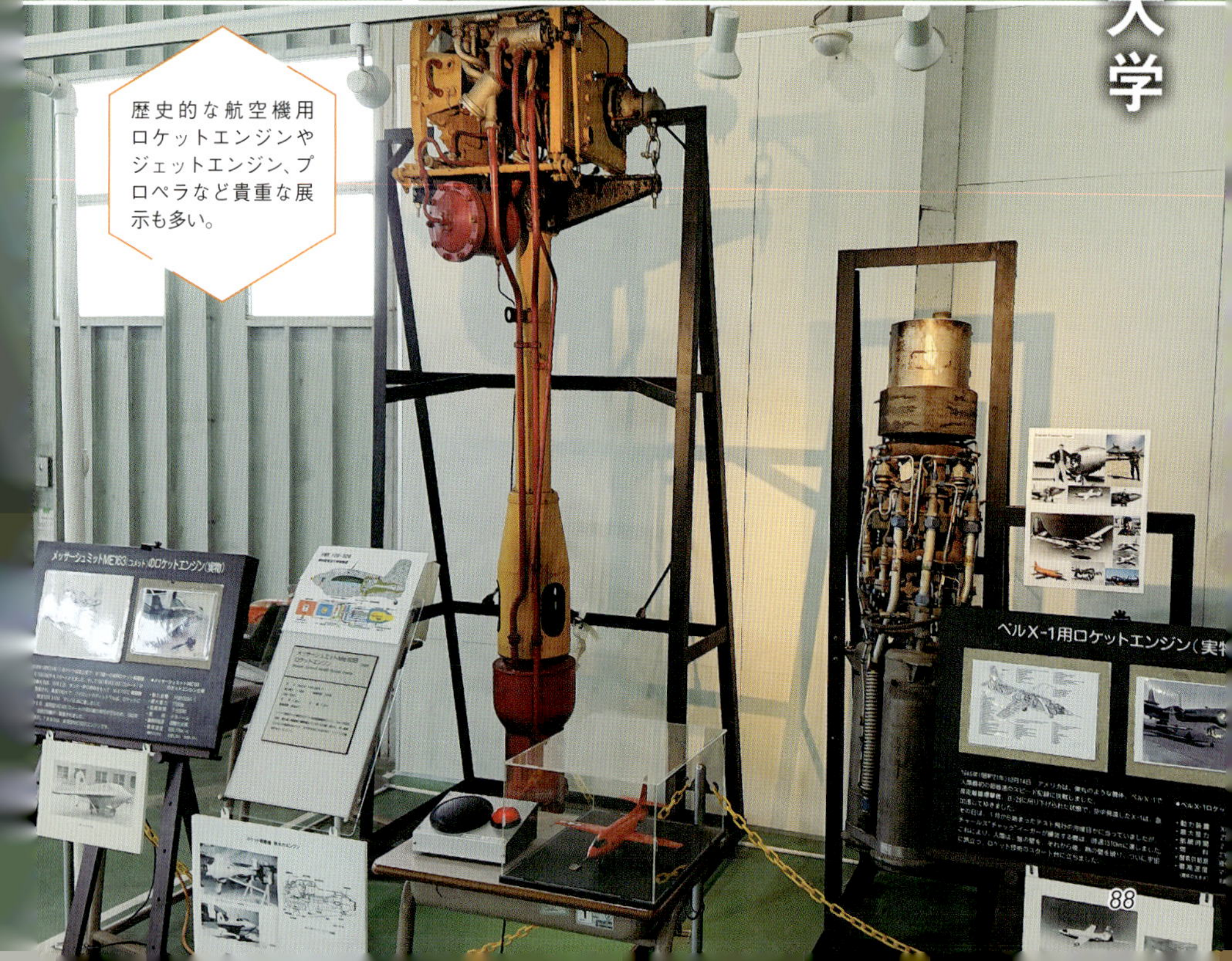

歴史的な航空機用ロケットエンジンやジェットエンジン、プロペラなど貴重な展示も多い。

なぜ飛行機が飛ぶのか見て・学んで・体験！

富士山静岡空港近くにある静岡航空資料館。「見て・学んで・体験して（静岡から世界へ、そして未来へ）」をテーマに学校法人静岡理工科大学が運営している資料館だ。セスナ機をはじめ、旧交通博物館より貸与された歴代の航空機用エンジンや模型航空機、航空保安大学校から譲渡された航空管制実習装置、株式会社タミヤから寄贈された航空機プラモデル約100機等を展示している。

さらに、臨場感あふれるフライトシミュレーターも体験でき家族連れはもとより、近隣小学校の課外授業や社会科見学等にも広く活用されている。

＋αで楽しめる！

分かりやすさが好評！ 理科実験コーナー

①飛行機が飛ぶ原理 ②飛行機はどのように高度と速度を計測しているのか ③飛行機の重心位置の大切さなどを模型や説明パネルで解説。

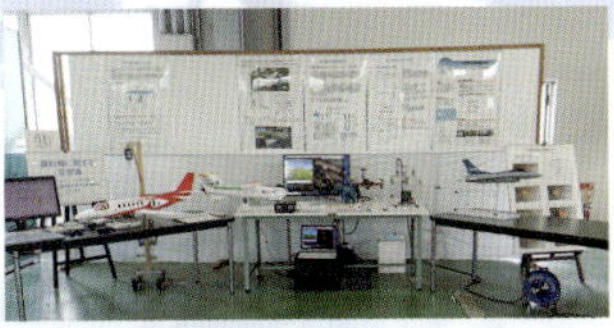

DATA

学校法人 静岡理工科大学 静岡航空資料館

がっこうほうじん しずおかりこうかだいがく
しずおかこうくうしりょうかん

- 静岡県牧之原市坂口2053-1
- 0548-29-1515
- 10:00～16:00 ※事前予約制（見学希望日の1週間前の木曜日まで受付（申込ページ有）、当日申込は不可）
- 休 水・木曜日のみ開館 ※8月度は土・日曜日開館予定
- ¥ 無料
- JR金谷駅からタクシーで約10分 藤枝市富士山静岡空港アクセスバス（藤枝駅南～空港南/静岡航空資料館前）で約30分
- https://sist-net.ac.jp/aeromuseum/

1

2

3

1 静岡県に関する航空の歴史を紹介するコーナー。日本初の旅客機やフジドリームエアラインズ（FDA）についてなど興味深い。2（株）タミヤから寄贈された1/48及び1/32スケールの航空機プラモデルを100機展示。完成度が高く、マニア必見のスポット。3 航空保安大学校で2008（平成20）年3月まで実際に使用されていた航空管制実習装置。

学ぶ
41
愛知

あいち航空ミュージアム

赤白の大きな箱はフライングボックス。大画面スクリーンと動く座席で、愛知県周辺を飛ぶ仮想体験ができる。

実機展示ゾーンにブルーインパルスが！

自動車産業とともに航空宇宙産業が盛んな愛知県。県営名古屋空港の敷地内にあるのが、「あいち航空ミュージアム」だ。

館内の実機展示ゾーンには、名古屋空港で初飛行を行った戦後初の国産旅客機ＹＳ-11やビジネスジェット機、大型ヘリコプターなどを展示。中でも人気は、Ｔ-４ブルーインパルス。自衛隊の施設以外で現行機体を一般公開しているのはここだけ。ブルーインパルスの歴史や機体の仕組みなどをパネルで説明するほか、臨場感あふれる８Ｋ映像の上映もありファンにはたまらない展示となっている。

映像などを駆使した解説はほかにも。オリエンテーションシアターは大型３Ｄシアターを使い、愛知県の航空機産業の歴史と発展、名古屋空港の仕事を迫力満点の映像で紹介。「飛行の教室」では、飛行機の飛ぶ仕組みやエンジンの内部構造などをプロジェクションマッピングで分かりやすく解説してくれる。

体験コーナーやイベントも充実。フライトシミュレーター体験や整備士体験、工作などを行う「サイエンスラボ」、ほかにも1年を通して航空機の魅力に触れられるイベントを数多く実施している、盛りだくさんな施設だ。

1

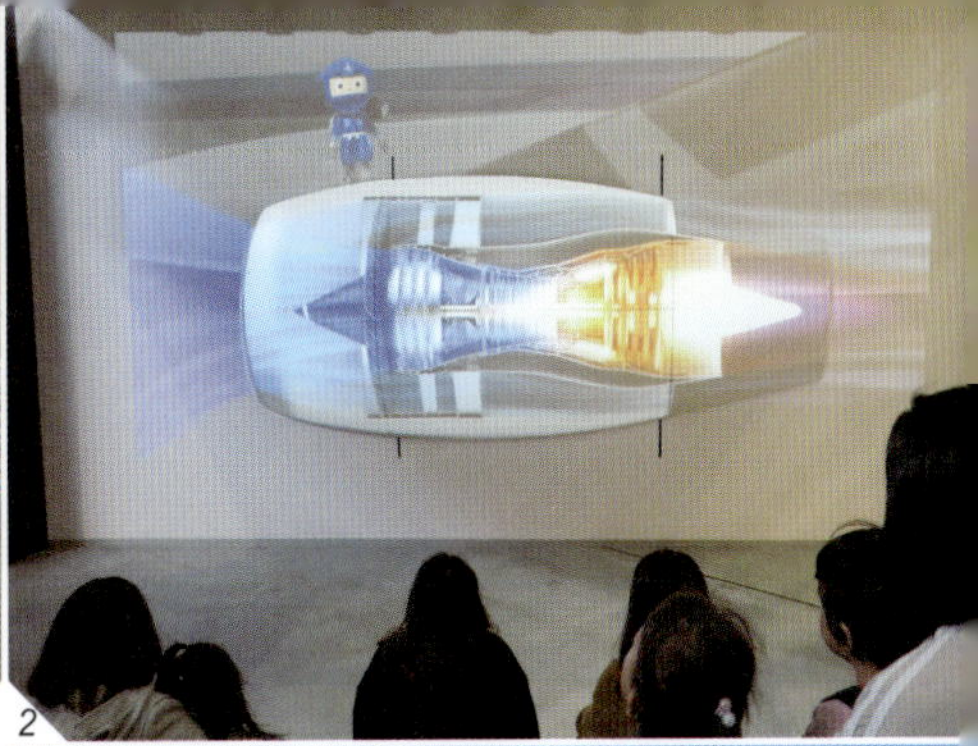

2

3

4

1 T-4ブルーインパルス。航空自衛隊所属のアクロバット飛行チーム「ブルーインパルス」の現行の機体。2「飛行の教室」の様子。飛行機の飛ぶ仕組みやエンジンの内部構造などをプロジェクションマッピングで分かりやすく紹介。3 展望デッキから滑走路までは約200mと近く、間近で航空機の離着陸が見られるほか、航空機誘導員(マーシャラー)など、空港で働く人々の姿も見ることができる。4 名古屋空港内にある「あいち航空ミュージアム」の外観。

+αで楽しめる!

館内カフェで 滑走路を見ながら休憩

滑走路や館内を見渡せるカフェ「Mof Cafe(モフカフェ)」では、「青い衝撃パフェ」(650円)が話題に。ブルーインパルス常設展示を記念したメニューだ。

DATA

あいち航空ミュージアム

あいちこうくうみゅーじあむ

愛知県西春日井郡豊山町豊場 県営名古屋空港内

0568-39-0283

10:00〜17:00(入館は16:30まで)

火・水曜日(祝日または振替休日の場合は翌平日)

一般1,000円、高校・大学生800円、小・中学生500円、未就学児無料

名古屋駅からバスで約25分
JR勝川駅からバスで約30分
名鉄西春駅からバスで約20分

https://aichi-mof.com/

ミュージアムショップで人気のオリジナル文房具。クリアファイル(350円)や鉛筆(5本450円)、鉛筆削り(330円)などがある。

学ぶ
42
岐阜

岐阜かかみがはら航空宇宙博物館

航空エリアでは、航空機のはじまりから、戦前・戦中・戦後の航空機開発までを実機や実物大模型などとともに紹介。

航空機のはじまりから宇宙開発史まで学べる！

日本を代表する航空と宇宙の専門博物館といえば「岐阜かかみがはら航空宇宙博物館」だ。愛称は「空宙博《そらはく》」。現存する日本最古の飛行場「航空自衛隊岐阜基地」や川崎重工業岐阜工場（航空機製造）がある「航空機の街・各務原《かかみがはら》」の中心的存在だ。建物は2階建てで、屋外にはYS-11やP-2Jなどの航空機が4機展示してある。

館内では、航空機と航空機産業のはじまりから、戦前・戦中・戦後の航空機開発までを実機や実物大模型などとともに紹介。三式戦闘機二型「飛燕《ひえん》」は、ほぼ完全な形で現存する世界で唯一の機体。2021年に退役した戦闘機「F-4EJ改」や1機のみ製造されたSTOL（短距離離着陸）実験機「飛鳥」などもある。ほかにも航空自衛隊のパイロット教育用機体「富士T-3初等練習機」の操縦席に座れる搭乗体験のほか、旅客機や小型ジェット機、ヘリコプターの操縦体験ができるシミュレータなどが人気だ。

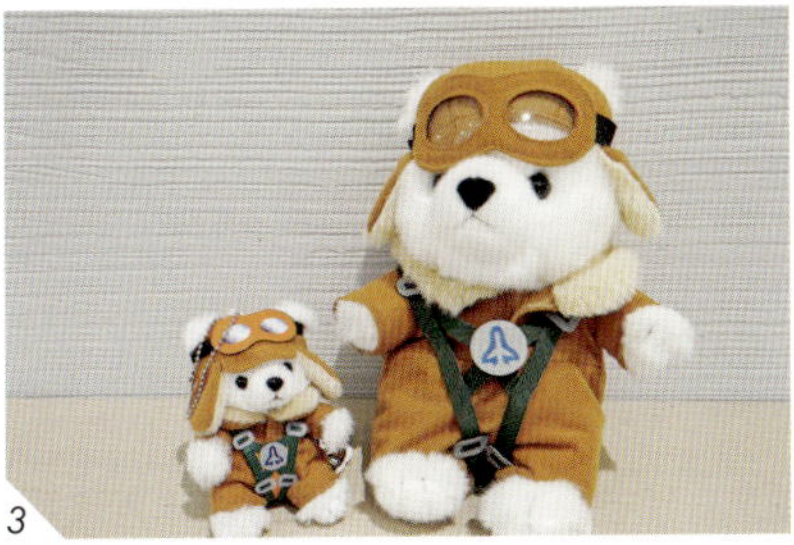

1 各務原で多く生産された「飛燕」。無塗装なので、機体に残された痕跡が良く分かる。当時の日の丸はプロジェクションマッピングで再現。2 小型ジェット機シミュレータ。臨場感ある操縦席でパイロット気分が楽しめる。VRヘリシミュレータは事前予約制で1回600円。3 ミュージアムショップの人気は、館内展示の飛行服を着たオリジナルぬいぐるみ「パイロットベア」（大3,700円、小1,900円）。

館内にある「空宙博カフェ」のおすすめは、飛騨牛オムハヤシライス(1,000円)。贅沢に飛騨牛を使ったオムハヤシは子どもたちに大人気。

DATA

岐阜かかみがはら航空宇宙博物館

ぎふかかみがはらこうくううちゅうはくぶつかん

- 岐阜県各務原市下切町5-1
- 058-386-8500
- 10:00〜17:00（土・日曜日、祝日は18:00まで、最終入館は30分前）、予約不要（VRヘリシミュレータはアソビュー!からの事前予約が必要）
- 休 第1火曜日、年末年始（12月28日〜1月2日）※その他メンテナンス休館有
- ¥ 一般800円、60歳以上・高校生500円、中学生以下無料
- 名鉄各務原線各務原市役所前駅からコミュニティバス「ふれあいバス」で約15分
- https://www.sorahaku.net/

学ぶ
43
兵庫

カワサキワールド

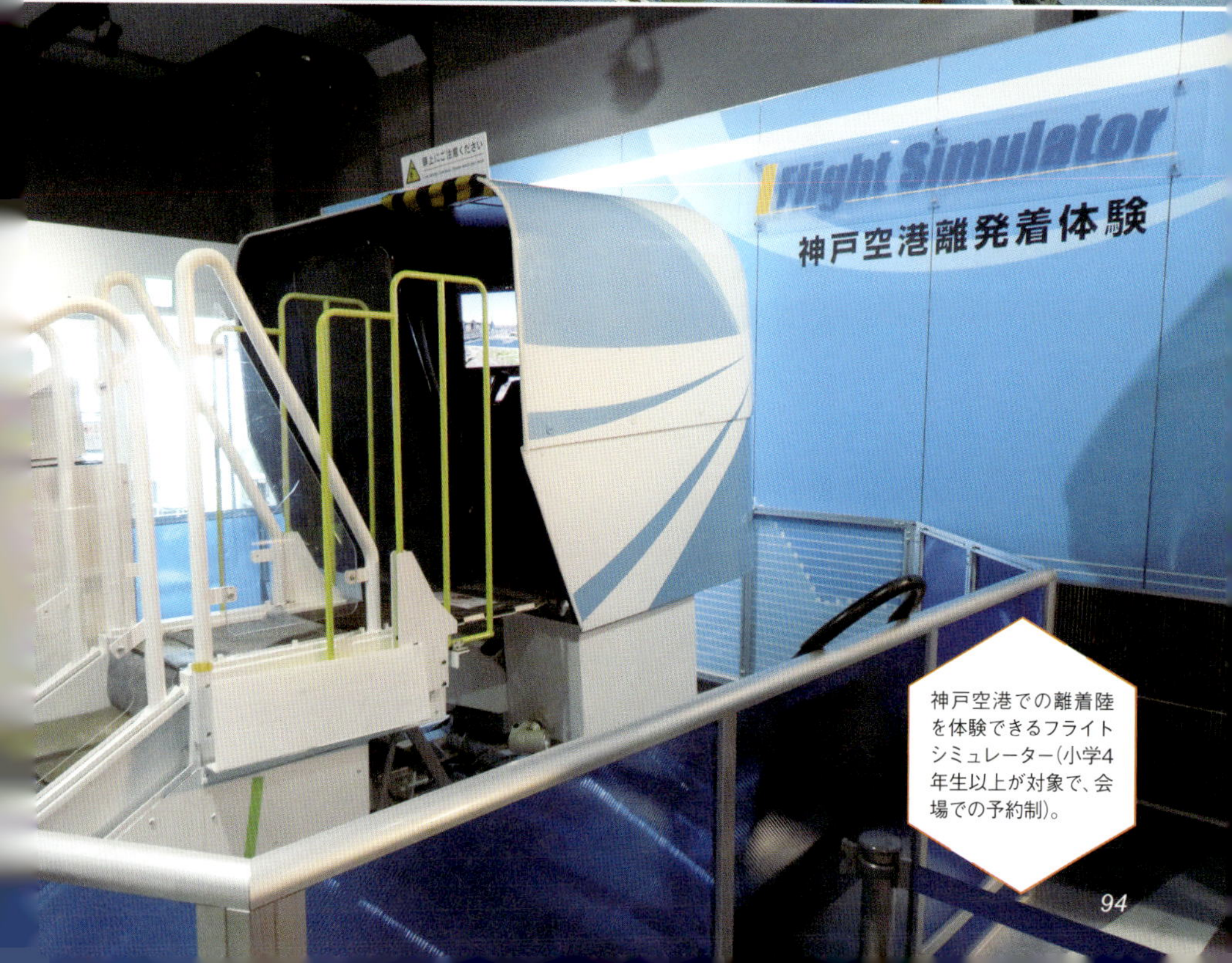

神戸空港での離着陸を体験できるフライトシミュレーター(小学4年生以上が対象で、会場での予約制)。

神戸空港を離着陸するパイロット体験を

港街・神戸を代表する風景といえば神戸ポートタワー。傍らに「海・船・港」をテーマとした海事関係を総合的に扱う「神戸海洋博物館」があり、その中に「カワサキワールド」がある。神戸港開港の歴史とともに歩んできた川崎重工グループによる企業博物館で、代表的な製品を「見て」「触れて」、楽しく学びかつ遊びながら「技術のすばらしさ」と「ものづくりの大切さ」を実感できる人気の博物館だ。

　航空機関連の展示があるのは「空のゾーン」。館内の展示の中でも、ひときわ存在感があるのが「川崎バートルKV-107Ⅱ型ヘリコプター」（実物）だ。客室内のイスに座ったり、操縦席の中を見たりして、大型ヘリコプターの内部を観察できる。

　飛行機のパイロット気分が楽しめるフライトシミュレーターも人気があり、実物をイメージした本格的なコントローラーを使い、神戸空港での離着陸体験ができる。

「川崎バートル KV-107Ⅱ型ヘリコプター」の実物。操縦室内を見学できる。

人気のオリジナル瓦せんべい（1,200円）。包装紙に川崎重工グループの事業のイラストをプリント。せんべいにも焼き印がある。

＋αで楽しめる！

乗り物好きにはたまらない！見どころだらけの乗り物展示

館内は、とにかく乗り物だらけ。モーターサイクルギャラリーには、Kawasakiの歴代マシンやレース車が並び、実際に触ったりまたがったりして記念撮影ができる。初代新幹線0系の実物展示や映像関係も迫力があり、乗り物好きにピッタリの施設だ。

DATA

カワサキワールド

かわさきわーるど

- 兵庫県神戸市中央区波止場町2-2 神戸海洋博物館内
- 078-327-5401
- 10:00～18:00（入館は17:30まで）
- 月曜日（月曜日が祝日の場合は、翌日に休館）、年末年始
- 大人900円、小・中学・高校生400円（カワサキワールドの入館料は、神戸海洋博物館の入館料に含まれる）
- 市営地下鉄海岸線みなと元町駅から徒歩約10分
  JR・阪神元町駅から徒歩約15分
  神戸高速（阪急・山陽）花隈駅から徒歩約15分
- https://www.khi.co.jp/kawasakiworld/

学ぶ
44
兵庫

soraかさい

紫電改の実物大模型。滑走路の南西にあった川西航空機姫路製作所鶉野工場で組み立てられていた。

戦争遺構の中で歴史と平和を語り継ぐ

2022年4月にオープンした平和学習施設の「soraかさい」。この地は、第二次世界大戦半ばの1943（昭和18）年10月にパイロット養成を目的に創設された姫路海軍航空隊基地と、川西航空機の組立工場があった鶉野《うずらの》飛行場跡。全長1200mのコンクリート製滑走路跡や防空壕跡、機銃座跡など貴重な遺構が残っている。

見どころは、大戦末期にこの地で組み立てられた戦闘機「紫《し》電改《でんかい》」と、姫路海軍航空隊でパイロット養成に使用された後、特攻機となった「九七式《きゅうななしき》艦上攻撃機」の実物大模型だ。

戦闘機模型の展示が人気だが、ここは戦争遺産が残る地。「歴史ゾーン」では、姫路海軍航空隊の開隊から終戦まで、約3年間のトピックを4編のストーリー映像にして上映している。貴重な写真や図面、実物資料も多く、周辺の戦争遺構をめぐるガイドツアーにも注目してほしい。土日祝には、巨大防空壕跡を活用したシアターで特別攻撃隊「白鷺隊《はくろたい》」隊員の遺書を紹介する映像が流れる。

迫力ある実物大模型の戦闘機を見た後に、これらを作り上げた技術が戦後日本の「ものづくり」に受け継がれていることを学び、歴史や平和について考える貴重な体験になるだろう。

1 2

3 4

1 九七式艦上攻撃機の実物大模型。姫路海軍航空隊でパイロット養成に使用され、後に特攻機として使われた。2 歴史ゾーンでは、姫路海軍航空隊の開隊から終戦まで約3年間のトピック映像や残された貴重な資料を展示している。3 土日祝に巨大防空壕跡内で、姫路海軍航空隊の特別攻撃隊「白鷺隊」隊員の遺書を紹介する映像が約20分流される。4「sora かさい」の建物は、戦時中の飛行機格納庫を模したデザインになっている。

DATA

sora かさい

そらかさい

- 兵庫県加西市鶉野町2274-11
- 0790-49-8100
- 9:00〜18：00
- 休 第2・4月曜日（月曜日が祝日の場合は翌平日）、12月29日〜1月3日
- ¥ 展示エリア 高校生以上200円 中学生以下無料 ※カフェ&ショップは入場自由
- 北条鉄道北条町駅下車、コミュニティバスKASAIねっぴ〜号でアスティアかさいからsoraかさいまで20〜30分（平日4往復、土日祝5往復）北条鉄道法華口駅から徒歩約40分（片道3km）
- https://www.sorakasai.jp/

写真提供：神姫バスグループ

+αで楽しめる！

カフェ＆ショップでひとやすみしてお土産をゲット！

館内にはsoraカフェ＆ショップがある。人気は、地元産のフレッシュな野菜を使ったsoraバーガー（800円）。鶉野サイダー（380円）も人気。サイダーは海軍にゆかりがあり、ガラス瓶とパッケージがレトロでかわいい。

学ぶ
45
広島

ヌマジ交通ミュージアム

ジャンボジェットの愛称で知られるボーイング747型機を国内に導入する際に、各種の実験や検討に使われた大型木製模型だ。

陸海空の乗り物模型を2800点所蔵！

ヌマジ交通ミュージアムは、広島市内を走る新交通システム「アストラムライン」の車両基地上にある。乗り物を幅広く紹介しており、技術や科学の進歩を学ぶことができる。特に模型の種類は豊富で、陸海空の乗り物模型を約2800点所蔵。黎明期から現代までの世界中の乗り物が並び、航空機関連だけでも約250点が展示されている。展示室に設置された「ハイパーブック」や手持ちのスマートフォンなどでアクセスできる「ハイパーブックWEB」で検索ができるので、ぜひお気に入りを見つけよう。

飛行機好きへのおすすめは、ボーイング747型機の大型木製模型。国内導入される前に、各種の実験や検討に使われた。日本航空協会から寄贈の貴重な模型だ。

直径20mの巨大交通ジオラマも見逃せない。1995年の開館時に近未来の交通テクノロジーを集めて製作されたもの。今と比べるのも楽しい。

1

2

3

1 アメリカのライト兄弟が開発した世界ではじめて飛行に成功した航空機「ライトフライヤー号」の模型。2 巨大ジオラマの空港エリア。空港全体の様子を俯瞰で見られる。3 日本が開発・実用化した初の水陸両用機「新明和US-1」をはじめ、飛行艇の模型もある。

工作教室で紙コップを用いて作る、海洋救難に特化した飛行艇「新明和US-2」。

DATA

ヌマジ交通ミュージアム

ぬまじこうつうみゅーじあむ

- 広島県広島市安佐南区長楽寺2-12-2
- 082-878-6211
- 9:00〜17:00（入館は16:30まで）
- 休 月曜日 ※ほかに臨時休館有
- ¥ 大人510円　高校生・シニア（65歳以上・要証明）250円
- アストラムライン長楽寺駅から徒歩5分
- https://www.vehicle.city.hiroshima.jp/

学ぶ
46
香川

二宮忠八《にのみやちゅうはち》飛行館

1985年に開催された「つくば科学万博」に出品した翼長8mの「玉虫型飛行器」。"機"ではなく"器"なのも興味深い。

「日本の航空の父」の数々の功績を学ぶ

アメリカのライト兄弟が1903年に世界初の有人動力飛行に成功する14年前、飛行原理を着想していた日本人がいた。二宮忠八《にのみやちゅうはち》である。好奇心旺盛な少年の大空への憧れは、夢に向かい努力する姿や行動が称賛され「日本の航空機の父」「飛行機の真の発明者」と呼ばれるまでになる。二宮忠八飛行館は「21世紀を担う子どもたちに夢見る力を育む」をテーマとしたミュージアムだ。

館内には、忠八が考案した「カラス型模型飛行器」と英国航空博覧会（1954年、忠八の死から18年後）に出品された「玉虫型飛行器（模型）」が展示されている。「玉虫型飛行器」については、館内中央に「つくば科学万博（１９８５年）」に出品した翼長８ｍもある大きな模型があり、これを独自に研究して作ったかと思えば感慨深いものがある。

　子どもたちの好奇心や視点を大切に「夢を見る力を育む」展示は、新たな発見のきっかけになるかも。

＋αで楽しめる！

「博士」と「機長」を目指してゲームにチャレンジ！

ゲームコーナー（３歳以上対象）では、結果次第で記念に顔写真入り認定証がもらえる。クイズゲームでは、80点以上で「修士」、100点で「博士」。飛行ゲームでは「副操縦士」や「機長」の認定証をゲットできる。

道の駅「空の夢もみの木パーク」の隣に建つ二宮忠八飛行館。顕彰碑や二宮飛行神社もある。

1

2

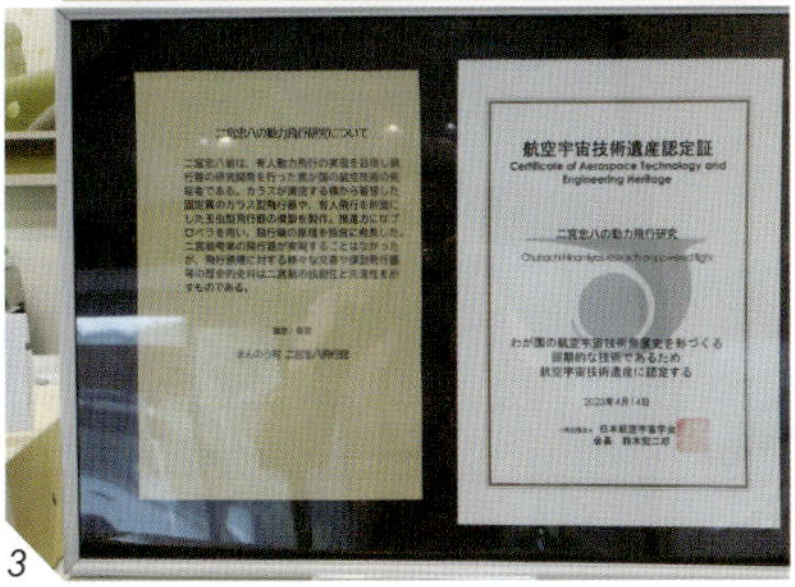

3

1 紙飛行機製作コーナー。作り方の解説と紙が置いてある。ただし、飛ばすのは屋外で。2 昔話アニメ「二宮忠八物語」やデジタル資料が見られるコーナー。見終わった後は、クイズに挑戦。3 二宮忠八が生涯をかけて取り組んだ研究は歴史的資料価値が高いことから、航空宇宙技術遺産として認定されている。

DATA

二宮忠八飛行館

にのみやちゅうはちひこうかん

- 香川県仲多度郡まんのう町追上358-1 道の駅「空の夢もみの木パーク」隣接
- 0877-75-2000
- 10:00～16:00
- 休 水・木曜日、12月29日～1月6日
- ¥ 一般200円、小人（3歳以上の幼児～高校生）100円
- JR琴平駅から車で約10分
- http://chuhachi.netcrew.co.jp

学ぶ 47 北海道

たきかわスカイパーク（滝川市航空動態博物館）

スカイパークで飛行しているさまざまなグライダーを展示。最大30機程度のグライダーを格納している。

遊びながらグライダーの離着陸を眺める！

人と空とが自然に触れあえる「空の波打ち際を創る」ことをコンセプトにしたたきかわスカイパークは、公園と飛行場の機能を有する日本で最初の本格的航空公園だ。総面積約50haの敷地に滑空場を中心とした遊歩道や遊具、滝川市航空動態博物館（スカイミュージアム）、受付や喫茶コーナーがあるハブハウスなど、さまざまな施設がある。通常の飛行場と違って、滑走路や駐機場の周辺には柵がなく、公園と一体となっている。

　滝川市航空動態博物館（スカイミュージアム）では、スカイパークで飛行している現役のグライダーを間近で見学可能。天気の良い日は、その機体が飛行している姿が見られるかも。

　スカイフロントは、滑走路の駐機スペースわきにある見学スペースだ。ベンチや滑り台などの遊具で遊びながら、芝生の滑空場でグライダーがゆったりと離着陸する様子を見られる。

　例年7月の最終日曜日に実施されるサマースカイフェスタ。グライダーのアクロバット飛行が行われ、パラグライダーやラジコン飛行機など各種スカイスポーツの愛好家が集まり、デモフライトや地上展示、体験搭乗のプレゼント（抽選）などが行われる人気のイベントだ。

1

2

3

4

1 滑走路のすぐ隣にあるスカイフロント。グライダーや軽飛行機の離着陸を横で見られる。空港の展望スペースとは違った雰囲気だ。2 軽飛行機でグライダーをけん引し、上空で切り離す。グライダーの大きなキャノピーから広大な北海道の景色を楽しむことができる。3 滝川市航空動態博物館(スカイミュージアム)は、格納庫と博物館とを兼ねている。 4 サマースカイフェスタにはグライダーやパラグライダーなどスカイスポーツの愛好家が集合する。グライダーからの空中菓子まきが人気。

DATA

たきかわスカイパーク
(滝川市航空動態博物館)

たきかわすかいぱーく
(たきかわしこうくうどうたいはくぶつかん)

- 北海道滝川市中島町139-4
- 0125-24-3255
- 滝川市航空動態博物館(スカイミュージアム)
  9:00〜17:00
- 休 滝川市航空動態博物館(スカイミュージアム)
  夏期(4月中旬〜11月中旬)無休/冬期(11月中旬〜4月中旬)土・日曜日、祝日、年末年始
  ※グライダー体験搭乗は夏期のみ。都合により実施のない日もあるため要確認
- ¥ スカイミュージアム入館料 一般320円、高校生210円、小・中学生100円
  ※夏期の個人の見学については無料
- JR滝川駅(または中央バス滝川駅前停留所)から、タクシーまたは徒歩(約1.5km)
- https://www.takikawaskypark.jp/

体験搭乗プログラムも実施。グライダーで高度約500mを飛行、時間は約10分間(対象:小学4年生以上)。

学ぶ
48
愛知

神明公園（航空館boon）

三菱MU-2Aとあさづるの実機を展示

県営名古屋空港に隣接する神明公園は、「緑」や「水」に親しむ空間、大空への憧れの空間として設置された都市公園で、家族連れにも人気のレジャースポットだ。広大な公園の築山に設置された展望台とシェルターからは、空港の航空機の離着陸が良く見える。

公園内に設置された航空資料館の航空館boonは、子どもたちの空への興味と夢を育むことを目的に開設された学習施設だ。

双発の多目的小型ビジネス機・三菱MU-2Aと中日新聞社より提供を受けたヘリコプター「あさづる」の2機の実機展示に加え（三菱MU-2Aは機内に入ることも可能）、館内施設では、飛行原理の実験体験や航空機作りなどを学べる。

また操縦を疑似体験できるフライトシミュレーターによる体験学習コーナーなども人気だ。三面スクリーンに飛行機のコックピットから見た風景が映し出され、臨場感あふれる操縦の様子を体感。初級・中級・上級で各2コースずつ設定されており、子どもから大人まで楽しめる内容となっている。

航空館boon2階に設置された屋外展望デッキでは、隣接する県営名古屋空港の施設を一望でき、迫力ある航空機の離着陸を見ることができる。

1 2

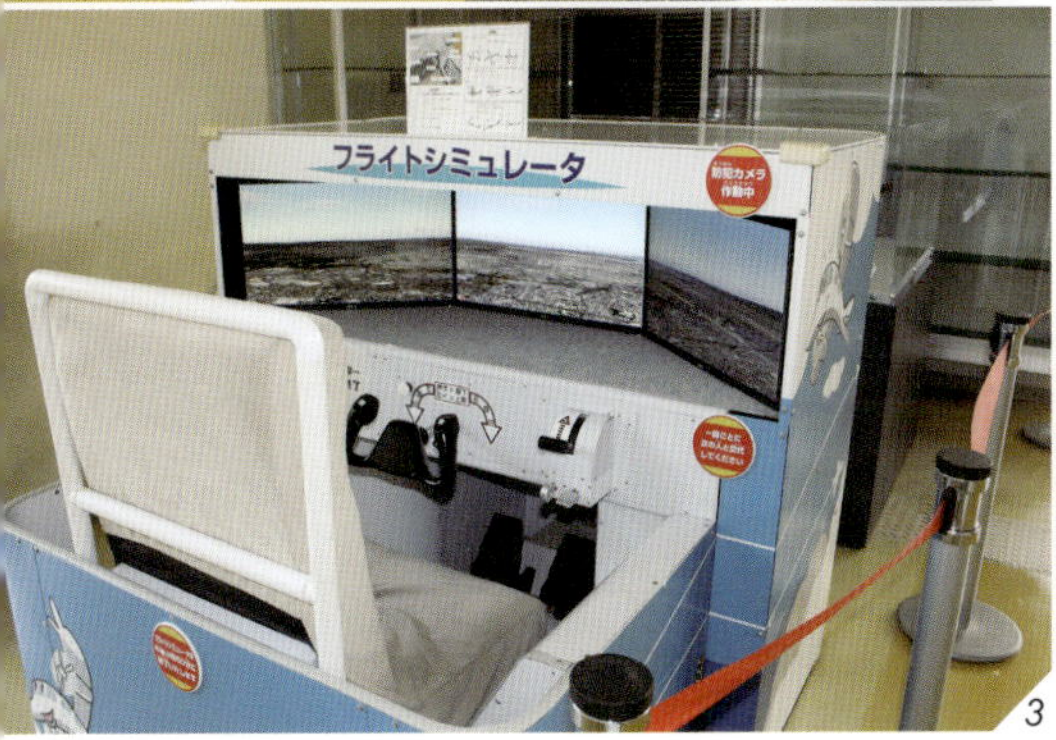

3 4

1 航空館 boon に展示されている三菱 MU-2A。機体は開発当時のオリジナルデザインに塗り替えられ、コックピットも復元されている。2 中日新聞社の報道ヘリあさづるは70〜80年代に活躍した川崎ヒューズ369HS だ。3 フライトシミュレーターは初級・中級・上級で各２コース。１つのコースで離陸から着陸までの操縦が可能だ。 4 航空館 boon ２階の屋外展望デッキ。県営名古屋空港の航空機の離着陸が見られる。

DATA

神明公園（航空館 boon）

しんめいこうえん(こうくうかん ぶーん)

- 愛知県西春日井郡豊山町大字青山字神明120-1
- 0568-28-2463
- 公園 入場自由（デイキャンプ場の利用は10:00〜15:00）
  航空館boon 9:00〜16:00
- 休 公園 無休
  航空館boon、デイキャンプ場 火曜日(祝日の場合は翌日以降の直近の平日)、年末年始(12月29日〜1月3日)
- ¥ 無料
- 栄駅からとよやまタウンバスで約40分 航空館boon下車すぐ
- （公園）https://www.town.toyoyama.lg.jp/shisetsu/koen/1001011.html
  （航空館boon）https://www.town.toyoyama.lg.jp/shisetsu/boon/1001014.html

+αで楽しめる！

遊んで学んで デイキャンプまで楽しめる！

神明公園にはデイキャンプ場もあり、予約をすれば利用可能。バーベキューも楽しめる、家族連れの人気が高いレジャースポットとなっている。

COLUMN 2

飛行機の構造を大解剖！

高い空の上をすごい速さで飛んで行く飛行機。自動車と違い空では上下左右の三次元の動きをしますが、どうやって飛行機が浮いて飛んでいるのか、その秘密を教えます。

フラップ

着陸する時に速度を下げると飛行機を持ち上げる力(揚力)が減る。そのため着陸する時はフラップを出して翼の面積を広げ低速でも揚力を得られるようにしている。

ラダー

水平尾翼の後ろにあり方向舵と呼ばれ、パイロットが右ペダルを踏むとラダーが右に傾き、前から来た風がラダーに当たるので飛行機は右へ機首を向ける。左を踏むとその逆となる。

エルロン

主翼後部の両端にあり、パイロットが操縦桿を右に倒すと右の翼のエルロンが上がり、左は下がる。これにより風が左右のエルロンを押すので右に傾く。左に倒すと左に傾く。

エレベーター

昇降舵と呼ばれ、水平尾翼の後ろにありパイロットが操縦桿を引くと上に持ち上がり、前から来た風がエレベーターを押すので機首が上を向く。操縦桿を押すと逆に機首が下がる。

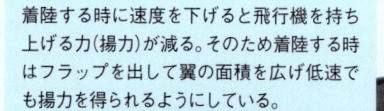

コックピット

旅客機の場合飛行中はほぼ自動操縦で、高度(高さ)やスピード、方向などは管制官と通信してパイロットが自動操縦装置に入力している。

エンジン

大型機はジェットエンジンを装備。空気が薄く寒い上空1万mの環境でも止まることがなく、長時間飛べる性能があり環境にやさしいものを使用している。

客室

乗客が座る場所で、上空に行くと飛行機の外の空気は薄くなり、気温もマイナス40℃など冷たくなるが、客室内は気圧や温度が保たれているので快適に過ごすことができる。

飛行機はどうやって飛んでいるの?

エンジンの出力で飛行機が滑走路を進むと翼に空気が当たる。翼は上がふくらんでいるが、下はまっすぐになっており、空気が翼に当たり上下で圧力の差が生まれるので、気圧は翼を下から上に持ち上げる。これで飛行機は浮き、さらにエンジンの出力で前に進んで行く。

貨物室

客室の床下には貨物室があり、乗客が預けた荷物やペットがここに積まれる。ほかにも郵便物や宅配便、野菜や果物、花などの貨物が積まれていることもある。

chapter 03

飛行機を体験する

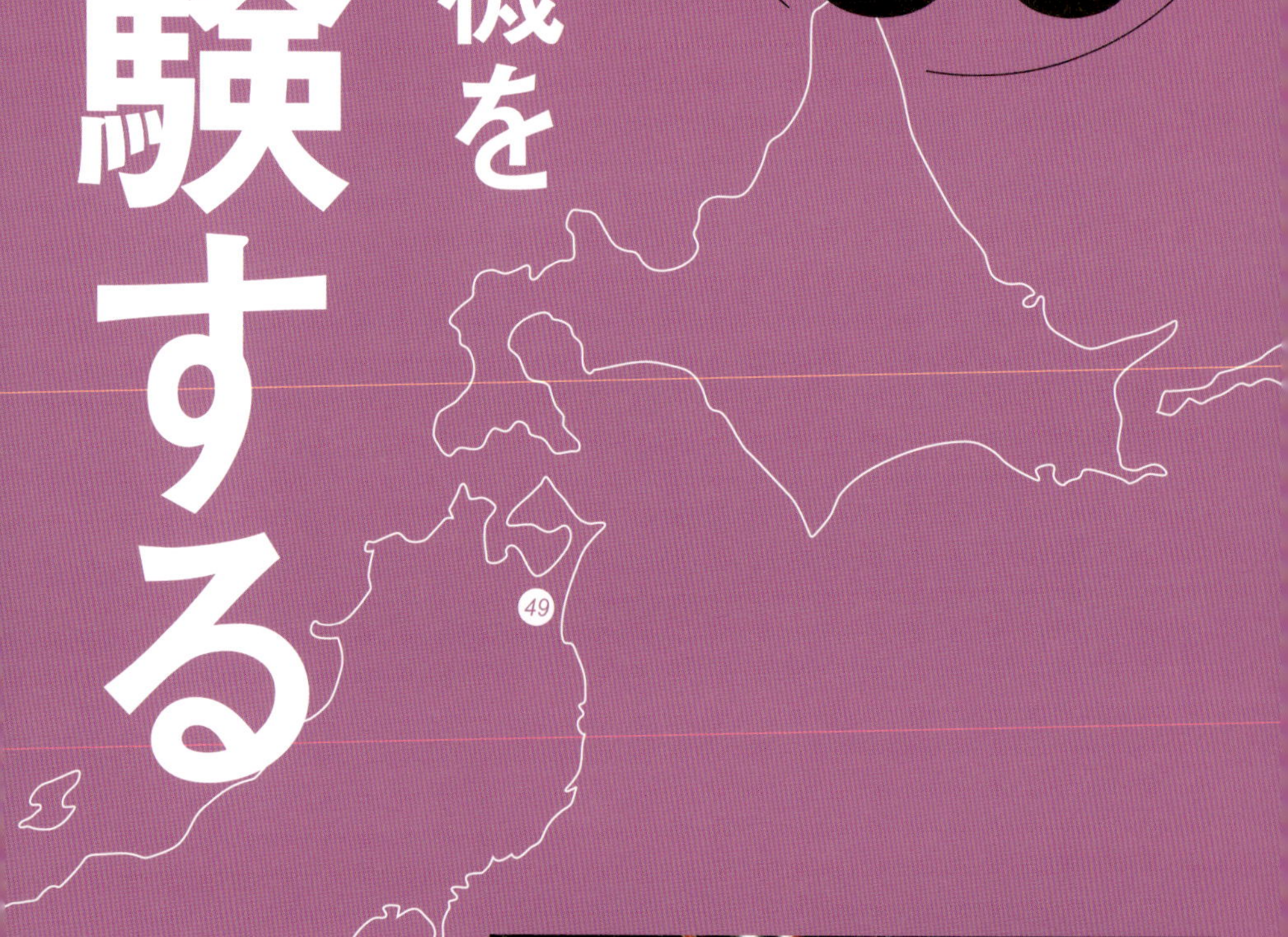

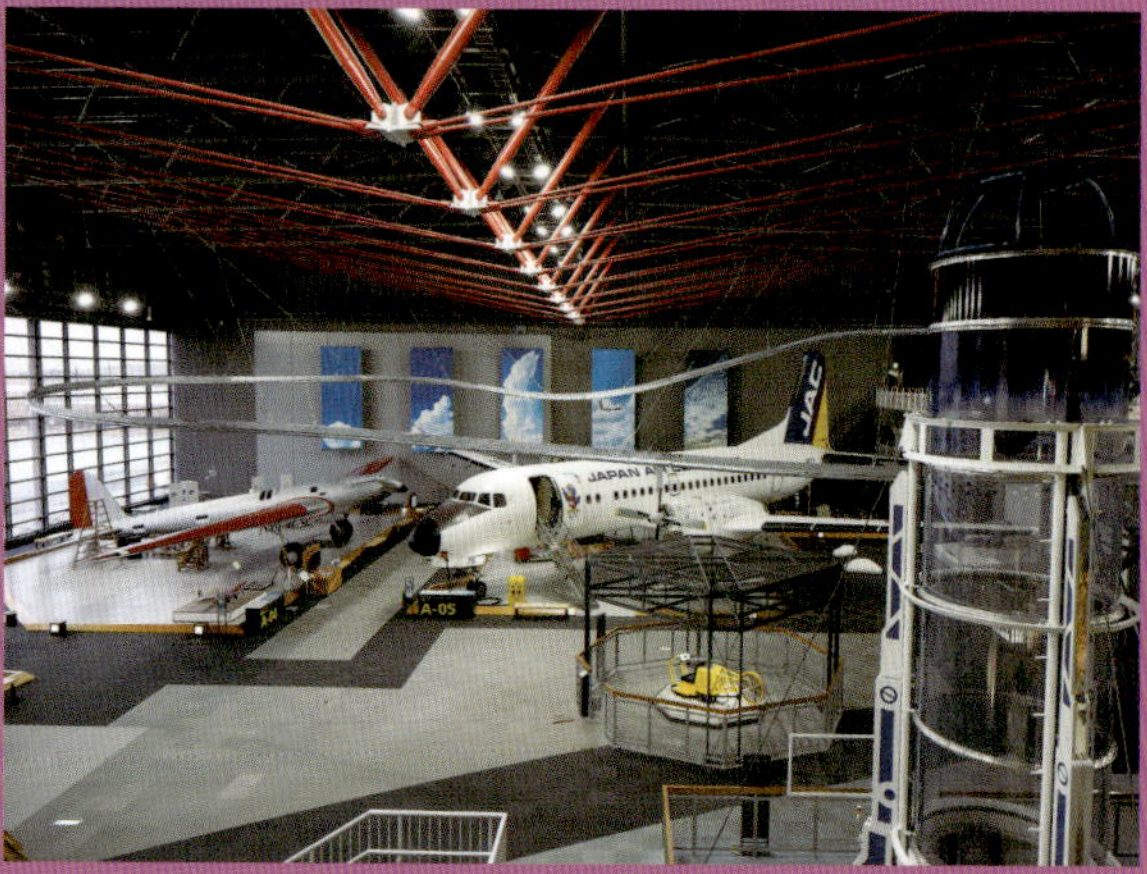

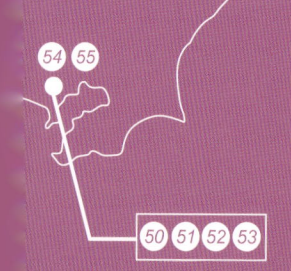

54 Skyart JAPAN 品川本店

55 SKY Experience 舞浜シェラトン店

56 神戸フライトシミュレーターセンター テクノバード

57 トライエア

49 青森県立三沢航空科学館

50 ANA Blue Hangar Tour

51 ANA Blue Base Tour

52 JAL SKY MUSEUM

53 LUXURY FLIGHT 羽田空港本店

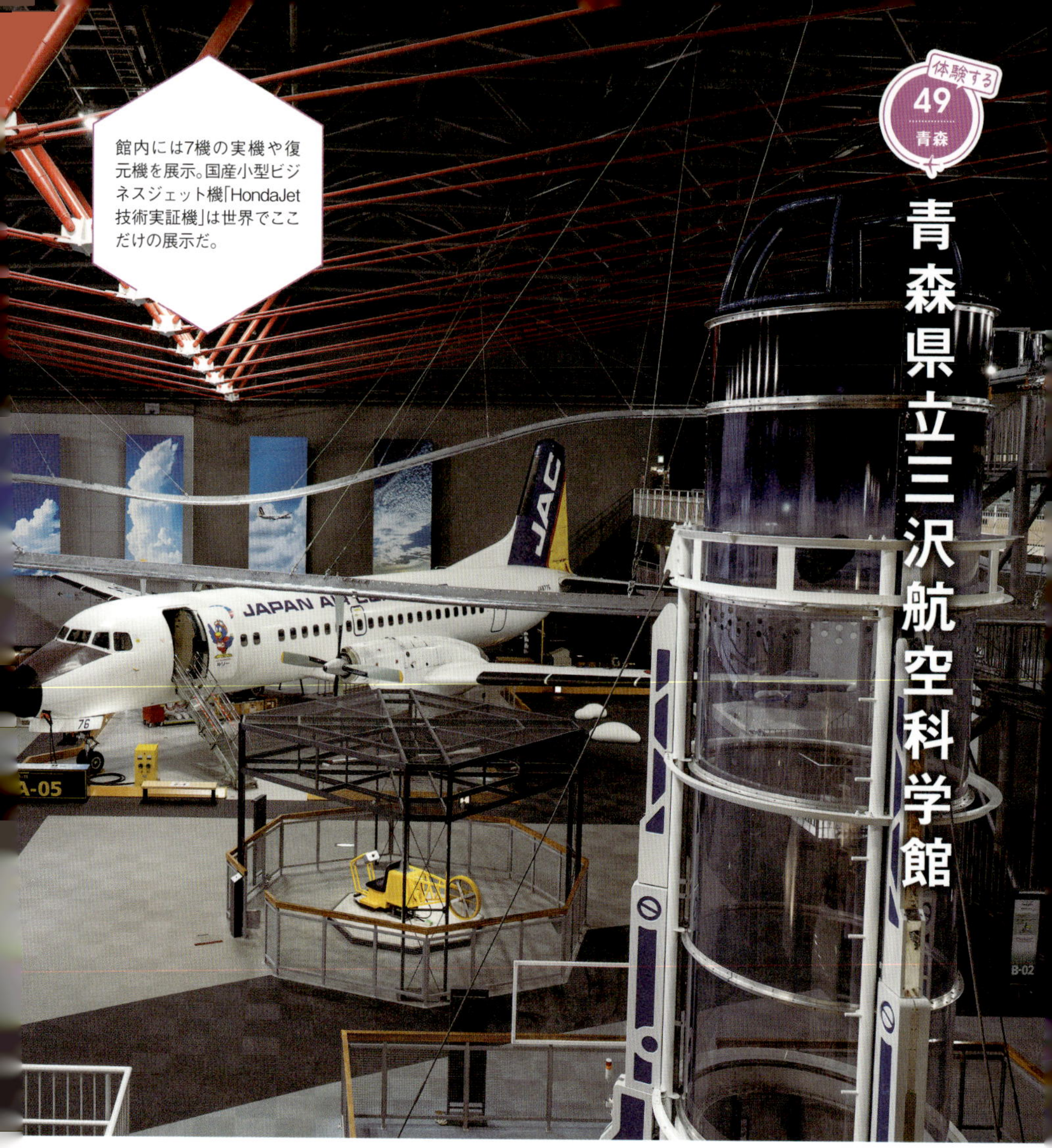

体験する 49 青森

青森県立三沢航空科学館

館内には7機の実機や復元機を展示。国産小型ビジネスジェット機「HondaJet技術実証機」は世界でここだけの展示だ。

飛行機を真上から観察できる滑空体験

三沢空港のすぐ近くに位置する青森県立三沢航空科学館。館内の展示は「航空ゾーン」「科学ゾーン」「宇宙ゾーン」に分かれている。展望デッキでは航空機の離着陸や周辺の景色が見渡せる。

「航空ゾーン」では、航空機に魅せられた先人たちの歴史を紹介。三沢は、世界初の太平洋無着陸横断飛行に成功した「ミス・ビードル号」が飛び立った地。復元機や映像などで当時を振り返る。

「科学ゾーン」では、フライトシミュレーターなどの体験型展示で、飛行機が飛ぶ仕組みや航空技術を楽しく学べる。注目は

1 2

3 4

1 空港のターミナルをイメージした外観。広場にはブルーインパルス仕様のT-2など11機を屋外展示している。2 1931年に太平洋無着陸横断飛行に成功したミス・ビードル号の復元機。館内ではオリジナルのクッキーや紙飛行機などを販売。3 科学ゾーンにある「大空を飛ぼう」。約10mの高さを滑空しながら展示機を眺めることができる。4 空に関わる仕事が体験できるコーナー。実際に使われていた航空機のコックピットに座って記念撮影ができる。ほかにもCA体験やマーシャラー体験も。

宇宙空間と同様の無重力体験ができるZEROグラビティ360。利用には身長や体重などの制限がある。

展示飛行機を上から眺められる滑空体験「大空を飛ぼう」。スリルもあるが普段は見られない角度で飛行機を観察できる。

「宇宙ゾーン」は、宇宙へ挑む未来の世界。宇宙飛行士が訓練に使っていたものと同じ仕組みで無重力体験ができる「ZEROグラビティ360」は、宇宙飛行士になるための第一歩といった思いで楽しみたい。

DATA

青森県立三沢航空科学館

あおもりけんりつみさわこうくうかがくかん

- 青森県三沢市三沢北山158
- 0176-50-7777
- 9:00～17:00（入館は16:30まで）
- 休 月曜日（祝日の場合は翌日）、12月30日～翌年1月1日※その他、臨時休館・臨時開館有
- ¥ 一般510円、高校生300円、中学生以下無料
- 青森空港から車で約90分、青い森鉄道三沢駅から車で約15分、三沢空港から車で約6分、第二みちのく有料道路三沢十和田下田ICから車で約15分
- https://www.kokukagaku.jp/

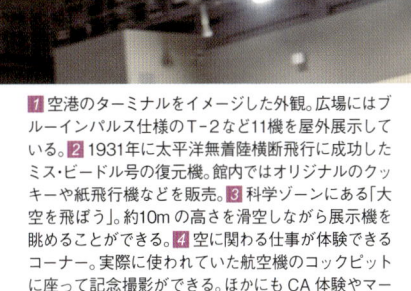

体験する
50
東京

ANA Blue Hangar Tour

格納庫の様子。3階デッキからは格納庫の大きさを体感。1階フロアでは実物の飛行機と整備士が働く姿を間近で見られる。

普段は見られないANAの機体整備工場へ

ANA（全日本空輸）では、ANAグループの安全運航の要「整備部門」を紹介する「ANA Blue Hangar Tour（機体工場見学）」を開催。安全で快適な空の旅を提供するため、日夜整備に励む整備士の姿と本物の飛行機を間近で感じられるツアーだ。所要時間は、およそ90分。展示ホールの見学やグッズショップで買い物ができる。ツアー内容は、前半にANAグループの整備部門（e.TEAM ANA）について紹介。後半は、格納庫見学だ。本物の飛行機の大きさ・音・匂い・振動が感じられる。案内役のガイドスタッフが、飛行機が飛ぶ仕組みや豆知識などを解説し、整備士が働く姿を間近で見学。希望者は整備士たちへインタビューした内容のプリントを持ち帰ることができる。

展示ホールでは、ANAグループのあゆみなどを解説。実際の整備用工具や飛行機部品に触れられる体験型見学コーナーにも注目だ。人気の撮影スポットは、ボーイング787の原寸大垂直尾翼。その大きさに圧倒される。「現役整備士プレゼンツながくとぶ紙飛行機の作り方」の紹介も人気がある。

普段は目にすることがない仕事だけにANAの安全・安心への取り組みを知る貴重な機会だ。

1 2

3 4

1 撮影スポットでもあるパネル。ここに立つだけで、整備士への憧れが増してくる。2 展示ホールにあるボーイング787の原寸大垂直尾翼。近くで見ると想像以上に大きいことが分かる。3 ボーイング787の国際線ビジネスクラス用シートに座ることができる。4 体験型見学コーナーでは、実際の工具や部品に触れ、タイヤの摩耗点検の体験などを自分の手で確かめることができる。

DATA

ANA Blue Hangar Tour

えーえぬえー ぶるー はんがー つあー

- 東京都大田区羽田空港3-5-5
- ①9:30〜11:00／②11:00〜12:30／③13:30〜15:00／④15:00〜16:30
  ツアー時間の前後30分間は、e.TEAM ANA(整備部門)の展示ホールを見学可能
  ※都合により、開催回数が異なる場合有
  ※事前予約制、インターネット予約のみ受付
- 休 日・月曜日、祝日、年末年始(月曜日が祝日の場合は、翌平日も休館)
- ¥ 無料
- 京浜急行バス西新整備場バス停から徒歩約4分
  東京モノレール新整備場駅から徒歩約15分
- https://www.anahd.co.jp/group/tour/ana-blue-hangar/

＋αで楽しめる！

ツアー参加の記念にオリジナルグッズを集めよう！

グッズショップには、ANA オリジナルグッズはもちろん、ほかでは買えない限定品もある。実際に使われている工具箱のオリジナル仕様(4,378円)は、ANA Blue Hangar Tour と、ANA Blue Base Tour の参加者のみ購入可能なレアアイテムだ。

体験する
51
東京

ANA Blue Base Tour

日本最大級の訓練施設「ANA Blue Base」。「あんしん、あったか、あかるく元気！」がコンセプトの人財育成拠点だ。

ANAの各職種を体験できるフォトスポット「Experience ANA」。操縦席で記念撮影。

6つの職種の訓練を見学できる！

「ANA Blue Base Tour」は社員教育の現場を紹介するツアー。ANAグループの現役社員（ナビゲーター）がANAの歴史や舞台裏をはじめ、グランドスタッフ、客室乗務員、貨物スタッフ、グランドハンドリングスタッフ、整備士、運航乗務員の主に6つの職種の訓練内容や最新鋭訓練機器・施設を紹介してくれる（日時により訓練を実施していない場合もある）。所要時間は約75分だ。ツアー最後は、各職種を体験できるフォトスポットへ移動。コックピットやビジネスクラスの座席に座れたり、客室乗務員のエプロン試着体験ができたりする。飛行機のタイヤやマーシャラーが使用するパドルなども本物が用意され、自由に触れて撮影ができる。

ほかにも「お子様向け見学ツアー」や「集まれ！ミライのCA！編」、「パイロット訓練生編」などさまざまな見学ツアーがあり、実際に働く人の体験や思いも聞くことができる。

1

2

3

1 着陸後の航空機に合図を送るマーシャラーになった気分で、本物のパドルを手にしながらの記念撮影。2 飛行機模型も多く展示されている。「エアバス A380 ANA フライングホヌ」というウミガメがペイントされた機体は、子どもたちに大人気。3 見学ツアー「パイロット訓練生編」のひとコマ。交流会で、パイロットになる方法や実際の訓練についての話が聞ける。

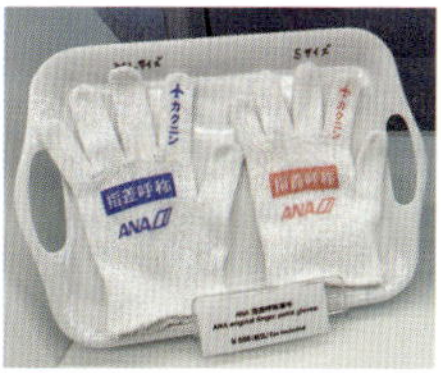

ANA成田エアポートサービス（株）の貨物スタッフとグランドハンドリングスタッフが現場で実際に使用している指差呼称軍手（各550円）。

DATA

ANA Blue Base Tour

えーえぬえー ぶるー べーす つあー

- 東京都大田区羽田旭町10-8 ANA Blue Base
- 9:40～17:30（予約制、インターネットでのみ受付）
- 休 不定休
- ¥ 一般見学ツアー 大人（18歳以上）1,500円/小中高生 1,100円
  ※その他ツアーにより異なる
- 京急線穴守稲荷駅から徒歩約7分
  東京モノレール天空橋駅から徒歩約15分
- https://www.anahd.co.jp/group/tour/ana-blue-base/

JAL SKY MUSEUM

JALの整備工場を見学できる「JAL SKY MUSEUM」。予約が取りづらいといわれる人気の工場見学だ。

JALの歴史と取り組みが分かる工場見学

JAL SKY MUSEUMは、JAL（日本航空）の工場見学ができる施設だ。見学ツアーは、ミュージアム体験（60分）と格納庫見学（50分）で構成されており、1日3回実施される。

ミュージアムでは、JALの歴史やスタッフの仕事、空旅の安心・安全について解説。各部門の仕事内容の解説や仕事で使う道具やタイヤ、コンテナなどの実物展示がある。実際に使われていた訓練用コックピットでは、中に入って座れ、制服を着用した記念撮影も可能。アーカイブゾーンは「航空史だけではなく、航空文化史を伝える」をコンセプトに、客室乗務員の歴代制服やデジタル化された年表・史料展示があり日本の空の歴史が学べる。ほかにも、これまでに取り組んだ特別なフライト（「皇室フライト」や有事の救援など）、未来に向けたJALの取り組みが紹介されている。

格納庫見学は、実際に飛行機が駐機している格納庫に入ることができ、ヘルメットを着用し、案内スタッフと一緒にまわるので、普段見ることができない距離まで飛行機に近づけ、豆知識も聞けるなど、とても貴重な機会だ。滑走路が目の前なので、実際の離着陸の様子を間近で見ることができる。

1

2

3

4

1 大型サイネージを使い各部門(整備士、グランドスタッフ、グランドハンドリング、客室乗務員、運航乗務員)の仕事を解説。2 JTA737のフライトシミュレーターとして実際に活躍していたコックピットに座ることができる。3 1950年代から2010年代までのJALの航空文化史を紹介するデジタル年表を展示。タッチパネルで、より深く知ることができる。4 歴代航空機12機のモデルプレーン(全て同一の縮尺)を、スペックとともに紹介。航空機のサイズの変遷が良く分かる。

ミュージアムショップは、見学時間限定で見学者だけが利用できる。具体的な内容や値段は非公開。来てからのお楽しみだ。

DATA

JAL SKY MUSEUM

じゃる すかい みゅーじあむ

- 東京都大田区羽田空港3-5-1 JALメインテナンスセンター1
- 03-5460-3755(受付時間／9:30〜16:30)
- 9:30〜11:20、10:45〜12:35、14:45〜16:35 ※要予約、見学日の1か月前の同一日 9:30から予約開始
- 休 水・金曜日、年末年始、その他特定日
- ¥ 無料(一部有料プラン有)
- 東京モノレール新整備場駅から徒歩約2分(モノレール新整備場駅は普通のみ停車)
- https://www.jal.com/ja/kengaku/

+αで楽しめる！

中学生以上の学生向けの見学プランや特別な体験コースも

「JAL 空育®JOB」(不定期開催)は中学生以上の学生が対象で、工場見学に加え機内食の試食、空の仕事について知ることができ、各職種の社員へ直接インタビューする時間もあるイベントだ。ほかにも、緊急時に使用するライフベストを実際に使用できる体験コース(有償)も人気だ。

体験する
53
東京

LUXURY FLIGHT 羽田空港本店

上はボーイング737型機のコックピット。正面は羽田空港の滑走路だ。下はエアバス A320型機のコックピット。アドバイザーが横について操縦を教えてくれる。

本格シミュレーターで気分はパイロット！

フライトシミュレーターとはパイロット用の訓練設備の総称。数百円で体験できるものから、パイロットが訓練で使用するものまであるが、ここでは実際にパイロットが練習に来るレベルのシミュレーターを体験可能。日本の空で多く飛んでいるボーイング737、エアバスA320などのコックピットがあり、実機と変わらないコックピットに座って操縦体験ができる。たくさんの計器やスイッチ類があるため、隣にアドバイザーが座りマンツーマンでサポート。自分が操縦桿を引けば轟音と共にコックピット外の景色が空になり、まさに旅客機を操っている気分に。小学校高学年程度の身長があれば操縦席に着いた時に前方も見えるので、パイロット気分で羽田空港の離着陸を体験してみよう。

ここにはパイロットの資格を持ったスタッフが多く在籍しているため、実際にパイロットの資格を取る方法や進路の相談にものってもらえる。

店内では飛行機グッズは売られているほか、大きな窓からは羽田空港の駐機場や滑走路が一望できる。

DATA

LUXURY FLIGHT
羽田空港本店

らぐじゅありーふらいと はねだくうこうほんてん

- 東京都大田区羽田空港3-3-2 第1ターミナルビル5階
- 080-7560-1817
- 10:00～20:00
  ※フライトシミュレーターは予約の方優先
  ※土・日曜日、祝日等は予約なしの場合、終日満席でご案内できない可能性有
- 休 無休
- ¥ シミュレーター利用は有料（KIDS20分コース3,850円～）
- 東京モノレール羽田空港第1ターミナル駅から徒歩約10分
  京急空港線羽田空港第1・第2ターミナル駅から徒歩約10分
- https://737flight.com

+αで楽しめる！

飛行機好きなら ぜひ立ち寄りたい 注目スポット

羽田空港第1ターミナルに駐機する機体や滑走路を眺めることができるほか、飛行機グッズのショップもあるため、シミュレーターを体験しなくても、興味本位で気軽に立ち寄ることができるのが魅力的だ。

体験する
54
東京

Skyart JAPAN 品川本店

スイッチやボタンは実物大。サウンドはボーイング社のエンジンとコックピット実機からサンプリングされている。

まるで本物!? 憧れのコックピットの中へ

Skyart JAPANでは、プロのパイロットを目指す人の訓練にも使われる、本格的なフライトシミュレーターで操縦体験ができる。

Skyart JAPAN品川本店には、旅客機の中でも大型機である「ボーイング777」のフライトシミュレーターがあるが、同型のシミュレーターは世界で約20台しかない。ボタンやスイッチは実物大で、操作は全て本物の航空機と同じ手順で行われる。しかも、約45000の空港データが内蔵され、世界中の空港でフライトができるのだ。

プロ仕様のため、操縦手順は複雑だが、飛行経験豊富な本物のパイロットが同席してくれる。体験者のレベルに合わせたマンツーマンでの指導で、初体験の子どもから、飛行機が好きで知識豊富な人まで楽しめる。英語でのフライト体験も可能だ。

体験中は撮影可能。素朴な疑問やパイロットになる方法といった質問にも応えてくれる。ペットと一緒にコックピットで撮影するプランや飛行機が苦手な人向けプラン、ヘリコプター搭乗体験とセットになったプランなど、楽しみ方も幅広い。リピーターが多いのにも納得だ。子どもたちのパイロットへの憧れもきっとふくらむことだろう。

1 航空機(エアバス A320)を再利用した約8m のキャビンモックアップ「機体の客室」は、体験前後の待合室として使用。サイドウィンドーはシミュレーターの映像と連動する。2 座席にはデルタ航空のビジネスクラスやエコノミークラスのものを使用。カーペットや荷物収容棚なども実機で使われているもの。3 施設外観。コックピットからの景色のパネルが特徴的。

DATA

Skyart JAPAN 品川本店

すかいあーとじゃぱん しながわほんてん

- 東京都品川区北品川6-7-29 ガーデンシティ品川御殿山 1階
- 03-3440-6777
- 10:00〜18:00
  ※フライトシミュレーター体験はWebより要予約
- 休 年末年始
- ¥ フライトシミュレーター体験は有料
  (キッズフライト・学割コース等有)
- 品川駅・五反田駅・大崎駅から徒歩約12分、品川駅及び五反田駅からはビルの無料シャトルバス有
- https://skyart-japan.tokyo

+αで楽しめる!

航空業界の愛用者も多い本格アイテムが勢揃い!

ショップエリアでは、航空業界にもファンの多い本格的なアイテムが揃っている。ショップのみの利用も可能で「Crew Tag」(各1,250円)は一番人気の商品。スーツケースなどにつけるキーホルダーのようなもので、現役乗務員にも愛用者が多い。

体験する
55
千葉

SKY Experience 舞浜シェラトン店

ボーイング737とまるで同じコックピット。ここに座れば、あなたのフライトがはじまる。

ホテルで楽しむ本格フライトシミュレーター

シェラトン・グランデ・トーキョーベイ・ホテル内にあるのが、本格的なフライトシミュレーターを備えた施設「SKY Experience 舞浜シェラトン店」。オアシス棟2階に受付とショップエリア、そして飛行機本体そのままのキャビンモックアップがある。退役した航空機を再利用し、キャビン内も客席やカーペット、荷物棚、備品にいたるまで、旧政府専用機仕様の本物だ。

　おすすめは、本格的なパイロット体験。「ボーイング737」のスイッチやボタンが実物大で搭載されたコックピットの再現性は高く、ソフトウェアもボーイング社と同じものが使われている。飛行場データは約45000か所。さらにオプションで、エンジン始動体験やコンピュータのセッティング、駐機場から滑走路への地上走行体験などができる。

　プロの操縦士のサポートがあるので、小さなお子さんでも保護者の膝の上で体験できる。

1

2

1 客室(キャビンモックアップ)に入ると、まるで本物の飛行機内にいるような気分になれる。2 フライトシミュレーター体験をしながらキャビン(客室)を貸し切りにできる特別プランもある。まるでプライベートジェットだ。

DATA

SKY Experience 舞浜シェラトン店

すかいえくすぺりえんす まいはましぇらとんてん

- 千葉県浦安市舞浜1-9 オアシス棟2階
- 047-355-5555(内線2445)
- 9:00～22:00 ※事前予約制
- 休 無休
- ¥ フライトシミュレーター体験は有料(各種プラン有)
- JR舞浜駅下車、ディズニーリゾートライン「ベイサイド・ステーション」から徒歩または無料シャトルバスにて約1分
- https://skyart-japan.tokyo

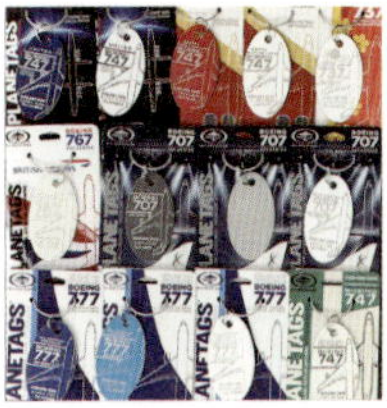

オリジナルフライトタグ。旧政府専用機のシートカバーで作った限定キーホルダー(各3,190円)。ほかにもここだけのアイテムがある。

体験する
56
兵庫

神戸フライトシミュレーターセンター テクノバード

家族で一緒に楽しめる本格飛行機操縦体験！

2017年に西日本で唯一の本格的飛行機操縦体験ができる施設として誕生した「テクノバード」。利用者は「将来の夢はパイロット！」という子どもからライセンス取得を目指す人まで幅広く、誰でも気軽に操縦体験ができる。

広々とした店内に設置されたフライトシミュレーターは3機種。ジェット旅客機の「ボーイング737-800」、双発プロペラ機「G58バロン」、セスナ機「C172スカイホーク」だ。

体験時には、プロパイロットライセンス所有者がアテンドし、分かりやすく指導。はじめてなら「初回トライアルプラン」がおすすめ。「ボーイング737-800」で、エンジンスタートから、地上走行、離陸、着陸、タッチ&ゴーなどを体験できる。「ファミリープラン」なら、小学生から高校生までの子ども（1～2名）と保護者で楽しめる。ミニレクチャーの後、操縦体験ができ、交代して保護者も操縦ができるため、親子で楽しめる。自由撮影時間もあるので、子ども用のパイロットシャツや帽子を着用（初回体験時のみ無料）した記念撮影も可能だ。

人気のイベントは「キッズフライトスクール」（小中学生向け）。座学や質問コーナー、操縦体験があり毎回完売するほど。

1

2

3

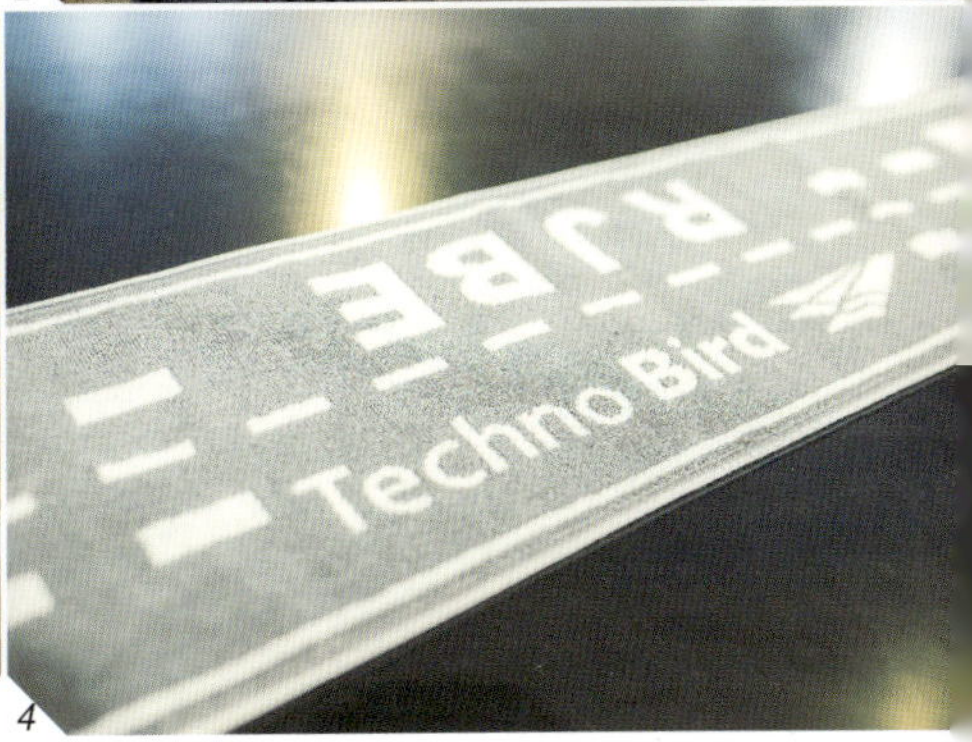

4

1 パイロットシャツや帽子を着用して操縦桿を握れば、パイロットの誕生だ。2「キッズフライトスクール」の様子。初級から少しマニアックな中級者向けなど、さまざまなコンテンツが用意されている。3 店内では、フライトタグやステッカー、帽子などの航空関連グッズを販売している。4 神戸空港の滑走路をモチーフにした今治タオルブランド認定のオリジナルランウェイタオル(1,760円)。

DATA

神戸フライトシミュレーターセンターテクノバード

こうべふらいとしみゅれーたーせんたーてくのばーど

- 兵庫県神戸市長田区神楽町2-3-2 東洋ビルwest5階
- 078-786-3028
- 【平日】11:00～19:00 【土・日曜日、祝日】10:00～19:00 ※事前予約制
- 休 不定休(機器メンテナンス等で臨時休業する場合有)
- ¥ ボーイング・ファミリープラン30分 5,500円など
- JR神戸線・神戸市営地下鉄(西神・山手線)新長田駅から徒歩約8分
- https://technobird.jp

ジェット旅客機「ボーイング737-800」のフライトシミュレーター内部。見るからに本格的だ。

体験する
57
沖縄

トライエア

免許取得訓練に使用される、国土交通省認定のFTD（飛行訓練装置）で操縦体験ができる。

3歳から楽しめる本格パイロット体験

パイロットの操縦練習や採用試験が実際に行われている場所で操縦体験ができるトライエア。フライトシミュレーターの開発・販売・メンテナンスを手がける専門店でもある。場所は那覇空港から車で15分と訪れやすい。

おすすめは、パイロットを目指す人が訓練用として使う「模擬飛行訓練装置」での操縦体験。大型のシミュレーターは国土交通省認定の訓練機で、実際の訓練に使われているもの。

操縦できるのは、小型プロペラ機からジャンボジェット機、戦闘機までさまざま。小型シミュレーターは、大型シミュレーターと同じソフトを使いながら子どもにも見やすい環境で同等の操作ができる。コースは10種類以上あり、沖縄の空をはじめ、国内外の観光地上空を自身の操縦でフライトすることができる。体験をサポートしてくれるのは、教育証明を持ち、実際に訓練を担当している飛行教官。子どもでも離陸から着陸まで1人で操縦体験ができるよう導いてくれる。

体験中は、家族が付き添える（人数により追加料金）ので一緒にハラハラドキドキ。小さなお子さんなら、大人の膝の上で操縦することも可能だ。楽しい思い出になること間違いない。

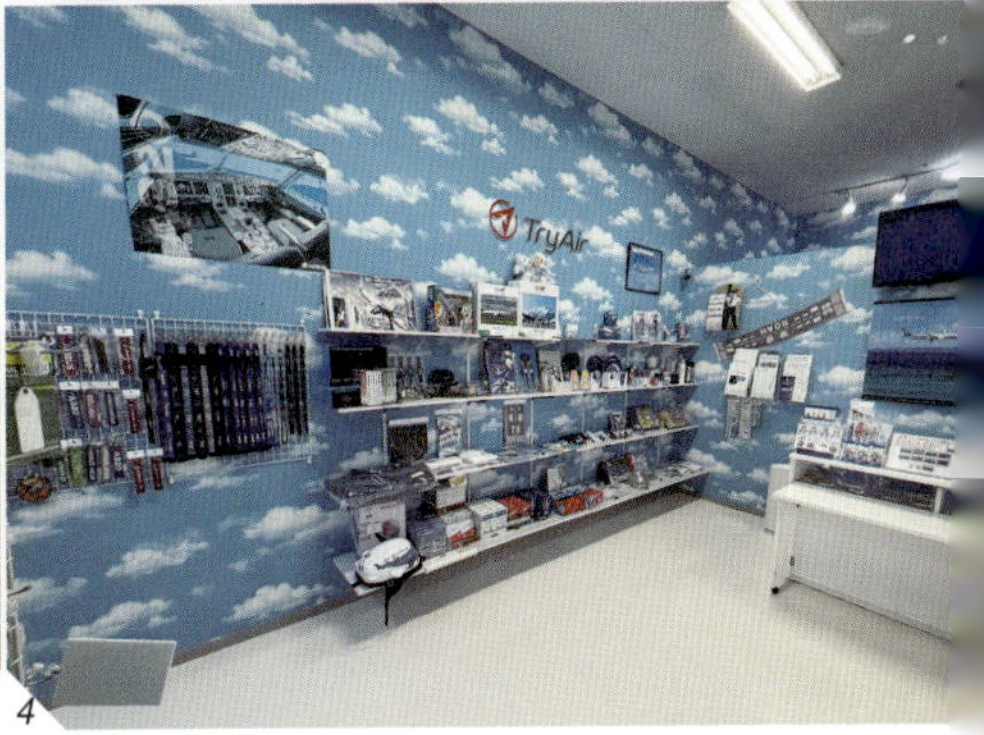

1 豊崎ライフスタイルセンター TOMITON 2階にあるトライエア。約5分の体験が500円から楽しめる。2 本格的でワクワクさせられるコックピット。実際の訓練でも使用されている。3 3歳からパイロットを目指す大人まで体験できる。どうせなら、貸出の制服を着用しパイロットになりきって楽しもう。4 飛行機グッズの販売コーナー。

＋αで楽しめる！

操縦体験の後は飛行機グッズをチェック！

フライトシミュレーターを楽しんだ後は、ぜひ航空関連グッズの販売スペースに立ち寄ろう。人気のお土産「那覇空港ランウェイタオル」（1,000円）は、那覇空港の滑走路をモチーフにした今治タオルブランド認定品だ。

DATA

トライエア

とらいえあ

- 沖縄県豊見城市豊崎1-411 豊崎ライフスタイルセンターTOMITON2階
- 12:00～17:00 ※事前予約なし、受付順
- 休 月曜日～金曜日（祝日を除く）
- ¥ 500円～
- 那覇空港から車で約15分
- https://www.tryair.co.jp

COLUMN 3

飛行機の種類とその特徴

日本で見られる旅客機は、ヨーロッパ製のエアバスとアメリカ製のボーイングの大きく2種類。ここでは日本の空港で見ることができる主な旅客機を紹介したい。

大型旅客機の種類は大きく2つ

ボーイング787

翼や胴体の一部は日本製
さまざまな路線で活躍

アメリカのボーイング社の低燃費、低騒音の最新旅客機で日本ではJAL、ANAをはじめ長距離格安航空会社も使用している。基本型の-8(全長56m)にはじまり、胴体を延長した-9、-10という型もあり国内線から長距離国際線まで幅広く活躍中。座席数は290～400席。

エアバス A350

羽田～ニューヨーク線に就航
快適な大型機

ヨーロッパの国々の共同で製造されたエアバスの最新鋭機で大型機なのに低燃費、低騒音。日本ではJALが採用していて基本型の-900(全長67m)と-1000(全長74m)があり、国内幹線と長距離国際線に投入。海外の航空会社でも多く使用され座席数は270～400席。

日本で見られるそのほかの旅客機6選

エアバス A380

世界最大の旅客機で日本では ANA が3機のみ運航。総2階建てで座席数は520席もあり、カメの絵を描いた機体が成田〜ホノルル線を毎日飛んでいる。また海外の航空会社でも使用されているが数はそれほど多くなく、日本へはエミレーツ航空が A380で来ている。

エアバス A320シリーズ

エアバス社で最も売れている飛行機で日本では ANA、Peach、ジェットスタージャパンなどが運航している。座席数は160〜190席で、胴体を短くした A318/319、長くした A321があるほか、静かで燃費が良い新しいエンジンを搭載した NEO というシリーズもある。

ボーイング777

1世代前の国際線大型機(国内幹線機でもある)で JAL、ANA が採用したほか世界の航空会社でも使用された。しかし現在は新しい B787/A350に機種変更が進み数を減らしている。全長は約70mもあり、貨物専用の機材もある。

ボーイング737

日本の旅客機で最も数が多い機体で、JAL、ANA はもちろんスカイマーク、ソラシドエアなどでも使用されている。初代737からエンジンや操縦システムを改良して現代版にアップデートが続けられていて、日本では現在 B737-800が中心で胴体が短い700型も飛んでいる。

エンブラエル E170/175/190

世界の旅客機で第3位のシェアを持つブラジルのエンブラエル社が製造した機体で、JALグループのジェイエア、ＦＤＡが運航している。座席数は76〜90席で主にローカル線に就航。全長は E170が30m、E190が36mとなっている。

ボーイング767-300

旅客機では全長55mの中型機という存在でJAL、ANA が国内線、短中距離国際線で使用しているが、1世代前の機体のため退役が進んでいる。座席数は200〜270席で旅客機から貨物機に改造されて飛び続けている機体もある。

chapter 04

飛行機を楽しむ

68 375 cafe bar

買う

69 フライトショップチャーリイズ

70 トラベラーズファクトリー
エアポート

71 クロスウイング東京

72 クロスウイング大阪

73 aero lab pilot shop

74 クロスウイング倉敷本店

泊まる

58 エアターミナルホテル

59 羽田エクセルホテル東急

60 マロウドインターナショナル
ホテル成田

61 中部国際空港セントレアホテル

62 琉球温泉 瀬長島ホテル

食べる

63 FIRST AIRLINES

64 ブルーコーナー UC 店

65 日本エアロテック株式会社
社員食堂プロペラカフェ

66 DINING PORT 御料鶴

67 ワールドフレーバー
カフェレストラン

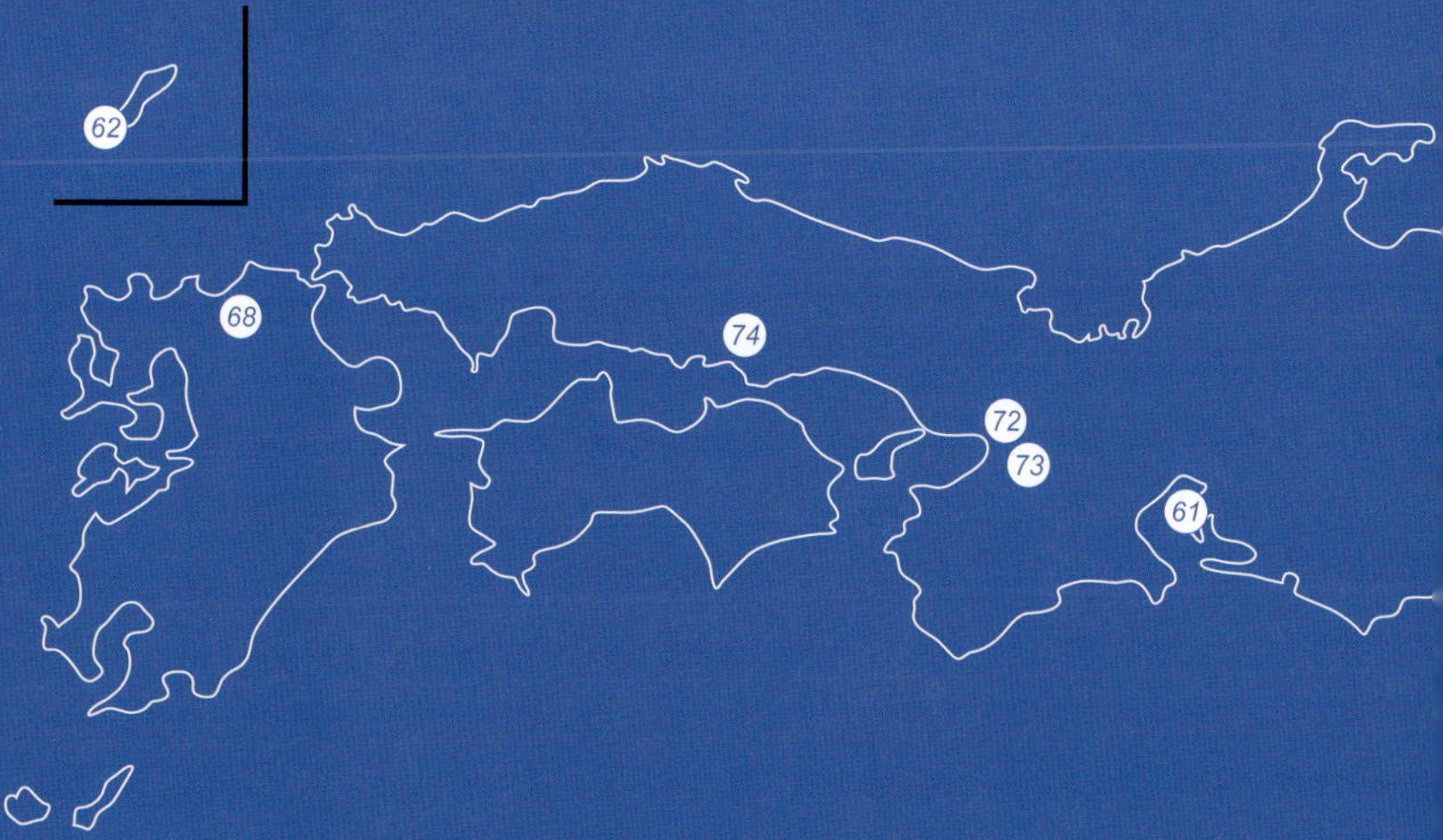

エアターミナルホテル

吹き抜けのロビーは明るい雰囲気。奥がホテルのフロントになっている。

デラックスツインルームは、ソファベッドを組み立てれば3人宿泊も可能。窓も2面あり、滑走路ビューを存分に楽しめる。

窓の外に飛行機が駐機しているかも？

北海道最大のエアターミナル・新千歳空港に直結のホテル。国内線ターミナルビルの到着ゲート（1階）・出発ゲート（2階）の並びからすぐにホテルへ入館できる。ホテルは滑走路と隣接しており、飛行機との距離も近い。滑走路側の窓からは、飛行機の離着陸の様子はもちろん、窓の下に飛行機が駐機している様子も眺められるほどだ。

客室は約半分が滑走路ビュー。部屋のタイプはシングル、デラックスシングル、ダブル、デラックスダブル、ツイン、デラックスツイン、ハリウッドツイン、ファミリールームの8タイプ。特にホテル内のシングル・ダブルの客室は、全室が滑走路ビューとなっている。部屋のテレビでは新千歳空港のフライト情報も確認できる。

最大滞在時間が長いのもうれしい。チェックインは14時から、チェックアウトは11時までなので、部屋にゆっくり滞在して、飛行機ビューを楽しめる。

1

2

1 スタンダードシングルルームは全室が滑走路ビュー。シングルルームだが、ベッドサイズは幅122cmとセミダブル以上だ。**2**「シェーンヴァッサー」は朝食専用レストラン。早朝フライトに備えて、朝6時から利用できる。メニューは和洋食のバイキング形式だ。

+αで楽しめる！

飛行機が見える温泉も楽しもう

エアターミナルホテルの宿泊者は、空港内の新千歳空港温泉に無料で入場できる。美人の湯といわれる天然温泉だ。露天風呂は滑走路に面してはいないものの、飛んでいく飛行機の姿を見ることができる。

DATA

エアターミナルホテル

えあたーみなるほてる

- 北海道千歳市美々 新千歳空港国内線ターミナルビル内
- 0123-45-6677
- 24時間 ※宿泊要予約
- 休 無休
- 新千歳空港国内線ターミナル直結
- https://www.air-terminal-hotel.jp/

泊まる
59
東京

羽田エクセルホテル東急

上はJALのパイロット気分を味わえるJAL Cockpit ROOM。コックピットモックアップには、一部本物の部品が使われている。下はANAのフライト気分に浸れるANA ROOMで、部屋やバスルームの窓から滑走路が見られる。

コンセプトルームで パイロット気分を満喫！

羽田空港第2ターミナルビル国内線出発ロビーに直結。館内では床に飛行機の映像が流れ、レストラン内のスクリーンでC滑走路の様子がリアルタイムで見られるなど、さまざまな形で飛行機を楽しめる。

おすすめの客室は「ANA ROOM」「JAL Cockpit ROOM」「スーペリアコックピットルーム」だ。「ANA ROOM」にはANA国際線ビジネスシートのモックアップやANA路線図、機内持ち込み荷物案内などが設置され、ルームサービスではANA国際線ビジネスクラスの機内食も食べられる（要予約）。「JAL Cockpit ROOM」に設置されたコックピットモックアップは、JALの運航乗務員監修で製作された本格派。特別製作のコックピットパネルやライティングも必見。「スーペリアコックピットルーム」には、フライトシミュレーターを設置。インストラクターの指導のもと飛行機の操縦体験が可能。

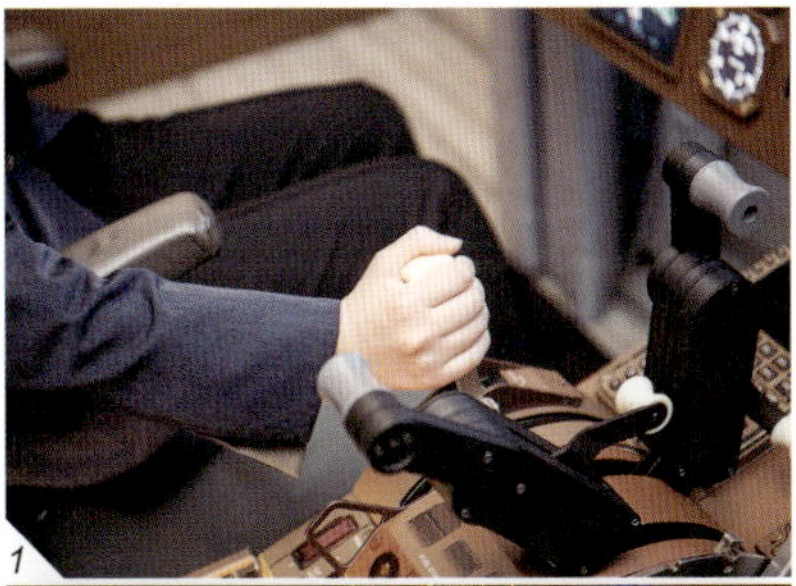

1

2

3

1 JAL Cockpit ROOMのコックピットモックアップは、自由に触ってOK。2 スーペリアコックピットルームのフライトシミュレーター。本格的に操縦技術を学べるコースもある。3 人気スイーツ「飛行機シュー」（テイクアウト850円／レストラン内970円）は、かわいらしい飛行機形のケーキ。カフェ＆ダイニング「フライヤーズテーブル」で購入できる。

DATA

羽田エクセルホテル東急

はねだえくせるほてるとうきゅう

- 東京都大田区羽田空港3-4-2
- 03-5756-6000
- 24時間 ※宿泊要予約
  レストラン 5:00～10:00、11:30～15:00、17:30～23:00 ※予約不要（一部メニューは要予約）
- 休 無休
- 羽田空港第2ターミナル直結
  東京モノレール羽田空港第2ターミナル駅北口から徒歩約3分
  京急線羽田空港第1・第2ターミナル駅第2ターミナル口から徒歩約5分
- https://www.tokyuhotels.co.jp/haneda-e/index.html

泊まる 60 千葉

マロウドインターナショナルホテル成田

ランウェイルームからは、成田国際空港のA滑走路が間近に見られる。高層階滑走路側確約プランで予約でき、シングルユースも可能。

成田国際空港発着の飛行機を間近に望む

成田空港の滑走路から一番近く、成田で最大級の801室を誇る大型シティホテルだ。

飛行機好きならぜひ泊まりたいのがランウェイルーム。A滑走路に面した高層階（8階以上）の客室で、成田国際空港ならではの世界の飛行機が離着陸する光景が、窓から広く眺められる。窓の下には京成線も見られるため、飛行機好きだけでなく乗り物好きにはもってこいの部屋だ。子どもだけでなく、航空ファンや写真家の間でも人気が高い。

またランウェイルームと反対側となる一部ツインルームからは、成田国際空港全体を一望できる。特に夜になると見られる美しい空港夜景は注目だ。カラフルな誘導灯が点灯し、航空機や貨物輸送の車などがきらきらと動きまわる様子は、飛行機ファンでなくとも思わず見入ってしまうことだろう。

宿泊なしで飛行機を楽しみたいなら、最上階レストラン「Lumiere（ルミエール）スカイビューダイニング」へ。2023年8月にリニューアルオープンとなった展望レストランで、13階の高さから広く滑走路や空港を眺められるのが魅力。朝・昼・夜の時間帯にそれぞれオープンしており、朝と夜にはバイキング形式で楽しめる。

1 2

3 4

1 ホテル外観。館内には大浴場やプール、コンビニ、コインランドリーもある大型ホテルだ(プールは2024年9月現在休止中)。2 空港側の客室やレストランから楽しめる空港夜景。滑走路の光を目指して夜空から滑り降りてくる飛行機もぜひ眺めたい。3 展望レストラン「Lumiere(ルミエール)」からは、パノラマで広がる美しい夕陽も観賞できる。4「Lumiere(ルミエール)」からも飛行機の離着陸が間近に望める。存分に楽しみたいなら、窓際の席を狙いたい。

DATA

マロウドインターナショナルホテル成田

まろうどいんたーなしょなるほてるなりた

- 千葉県成田市駒井野763-1
- 0476-30-2222
- 24時間 ※宿泊要予約
- 無休
- JR・京成線成田空港駅・空港第2ビル駅から無料シャトルバスで約10〜20分
- https://www.marroad.jp/narita/

窓から見られる飛行機の近さだけでなく、その種類の豊富さもランウェイルームの魅力。世界中の飛行機が窓から贅沢に楽しめる。

泊まる 61 愛知

中部国際空港 セントレアホテル

1室限定のANA ROOM。部屋のソファはANA & トヨタ紡織による本物の航空機シートだ。ANA ROOMオリジナルステッカーのプレゼントもある。

ハローキティ ルーム(Pink Flight)。雲には名古屋名物の手羽先やエビフライが見え隠れ、雲の下には名古屋城など、遊び心もたっぷり。

飛行機好き必見のコンセプトルーム

中部国際空港直結で、空港チェックインカウンターまでは130mという近さだ。

飛行機を思う存分眺めたいなら、空港側の高層階確約となる「エアポートビュープラン」で泊まろう。離着陸する飛行機や、貨物機、夜間や早朝の空港の様子などを見ることができる。

注目したいのが、コンセプトルーム「ANA ROOM」と「ハローキティ ルーム」だ。ANA ROOMでは室内に小型機セスナ172のコックピットが再現されており、パイロット気分を楽しめる。ボーイング777のタイヤホイールを使ったテーブルや、ANA航空機で使用されていたパーツの展示もあり、航空ファンにはたまらない。ハローキティ ルームでは飛行機に乗ったキティが空の旅の案内人となって、名古屋の街の上空から出迎えてくれる。キティの双子の妹ミミィの乗った飛行機形ソファには、飛行機好きもキティ好きも大喜び間違いなしだ。

1

2

3

1 ANA ROOM宿泊者限定の夕食「機内食風のオリジナルメニュー」は、セントレアホテル料理長が考案。お子様セットは飛行機形プレートだ。2 ハローキティ ルームの客室アメニティは、ぬいぐるみ・ハンドタオル・トートバッグの3点セット。セントレアホテルの限定グッズだ。3 壁一面の窓から滑走路や海が広く見渡せるエアポートビュー。写真はスタンダードダブルタイプ。

ゲストラウンジではフライト情報をいつでも確認でき、コーヒーの無料サービスもある。

DATA

中部国際空港 セントレアホテル

ちゅうぶこくさいくうこう せんとれあほてる

- 愛知県常滑市セントレア1-1
- 0569-38-1111（代表）
- 24時間 ※宿泊要予約
- 休 無休
- 名鉄中部国際空港駅からすぐ
- https://www.meitetsu-gh.co.jp/centrairhotel/

※写真は全てイメージです。

泊まる
62
沖縄

琉球温泉 瀬長島ホテル

宿泊者限定のインフィニティプール。冬場はクローズになるので注意したい。プールサイドではBBQもできる（要予約）。

客室やプールから旅客機&戦闘機を眺める！

沖縄の玄関口・那覇空港の滑走路が一望できるホテル。那覇空港から最も近い離島「瀬長島」にあり、空港から車で約15分という近さだ。那覇空港では旅客機のほかに自衛隊機も離着陸するため、普段は見られない戦闘機の姿も楽しみにしたい。

その醍醐味を存分に味わえるのが、エアポートビューの客室。ベランダは第1滑走路に面しており、南国ならではの青い海と空の中を飛行機が行きかう風景が目の前に望める。

ホテル併設の温泉施設「龍神の湯」の露天風呂（立ち湯）からも飛行機を楽しめる。瀬長島の地下1000mから湧き出る天然温泉で、ホテル宿泊者以外でも利用OKだ。

ホテル宿泊者限定なのがインフィニティプール。4月下旬から10月末までオープンとなる屋外プールで、飛行機の離着陸を間近に眺めながら思いきり遊べる、大人気スポットだ。

食事時には、オーシャンダイニング風庭（かじなぁ）へ。窓際席ならプールに面していて、飛行機を眺められる。おすすめメニューはお子様プレート。人気メニューがぎっしり乗った飛行機形プレートが登場すれば、飛行機好きキッズの歓声が上がるだろう。

1 2

3 4

1 エアポートビューの客室(写真は按司デラックスツインルーム・エアポートビュー)。ベランダは海を隔てて滑走路に面している。2 クラブフロア按司のエアポートビュー客室には双眼鏡も設置されている。夜にはライトアップされる空港夜景や星空も楽しみたい。3 エアポートビュー客室から眺められる空港の様子。滑走路までの視界を遮るものがないため眺めやすく、写真も撮りやすい。4 天然温泉「龍神の湯」の立ち湯。深さ120cm の立って入るタイプの露天風呂で、目の前には海と滑走路が広がる。

DATA

琉球温泉 瀬長島ホテル

りゅうきゅうおんせん せながじまほてる

沖縄県豊見城市字瀬長174-5

0120-504-209(電話受付時間/10:00～19:00)

24時間 ※宿泊要予約
龍神の湯 6:00～24:00(入場は23:00まで)

無休

龍神の湯入泉料(ホテル宿泊者は無料)
大人2000円、小人1000円

那覇空港から車で約15分

ゆいレール赤嶺駅からバスで約10分

https://www.resorts.co.jp/senaga

お子様プレート。飛行機形プレートの上に、エビフライ、鶏のから揚げ、目玉焼きハンバーグなどが乗り、ドリンクバーも付く。

食べる
63
東京
FIRST AIRLINES
搭乗中はキャビン・アテンダントのサービスが受けられる。ワゴンによる機内販売やドリンクの提供にフライト気分が盛り上がる！

池袋からファーストクラスの世界旅行へ！

国際便フライト気分を味わいながら、ファーストクラスの食事がいただけるレストラン。飛行機のファーストクラスに見立てた店内は世界初のバーチャル航空施設。飛行機での世界旅行や日本一周旅行を疑似体験できるのだ。体験時間は1回１２０分。

航空体験はかなり本格的。まずチェックインをして、パスポートと搭乗券を受け取ったら、着席するのはＡｉｒｂｕｓ Ａ３１０・３４０のファーストクラスで実際に使用されていた機内シートだ。機内アナウンスやデモを経て、シートの振動とエンジン音を感じながら離陸したら、いよいよ非日常がはじまる。ＶＲを使用した観光名所ツアー（約30分）は、実際の観光では回り切れないほど盛りだくさん。プロジェクションマッピングやタブレットを使ったアクティビティも豊富だ。

機内食は予約時に選んだ渡航先ごとに異なり、現地料理がコース形式で提供される。アルコールを含めたドリンクサービスや、食後のコーヒー・紅茶もうれしい。サービスするキャビン・アテンダントは、実際にファーストクラスに搭乗していた元ＣＡが監修。搭乗客一人ひとりに合わせた細やかなサービスが受けられる。

1 2

3 4

1 VRによる観光ツアー体験。訪れる観光地はもちろん、今回のバーチャルフライトで訪れる国の名所ばかりだ。2 キャビン・アテンダントは、実際に未来のクルーを目指し訓練を受けている「本物」たち。3 ドイツ便では、ローストポークに黒ビールと香味野菜などで作ったソースを添えた、ドイツの郷土料理「シュヴァイネブラーテン」がいただける。4 オーストリア便の機内食のメインは、首都ウィーンの名物「ウィンナーシュニッツェル」。現地の食文化を楽しめるのも大きな魅力だ。

DATA

FIRST AIRLINES

ふぁーすと えあらいんず

- 東京都豊島区西池袋3-31-5 パークハイムウエストビル8階
- 03-6914-3353
- 【平日】11:30～22:00
  【土・日曜日、祝日】10:00～22:00（完全予約制）
- 無休
- First Class　6,580円／120分程
  Buisiness Class　5,980円／120分程
- JR池袋駅から徒歩約5分
  東京メトロ池袋駅C3出口から徒歩約1分
- https://firstairlines.jp/

＋αで楽しめる！

毎日変わる渡航先 事前にフライト情報をチェック！

フライト先は外国が15か国あり、日本一周便が加わって、全16便。開催されるのは1日1便なので、行きたい渡航地の日に予約しよう。

店内はファーストクラスをイメージ。壁のモニターでは、池袋国際空港（！）のフライトインフォメーションが見られる。

2

3

1

食べる 64 東京

ブルーコーナー UC店

飛行機ファンに長年愛される穴場カフェ

さまざまな航空機が間近に眺められる、平日限定のカフェレストラン。羽田空港のA滑走路とC滑走路の間を走る連絡誘導路に面しているため、窓際席からは、飛行機が目の前を通っていくところを観賞できる。広い窓からパノラマで誘導路を眺められるのも魅力。航空ファンから長年愛される、穴場の飛行機スポットだ。

誘導路はそのまま格納庫へ入る機体も通るため、走行速度がゆっくりめになっていることが多く、眺めやすいのがうれしい。運が良ければ、ラッピング飛行機や海外の珍しい飛行機などにも出会える。飛行機が眺めやすい窓際席は人気のため、来店の前に予約するのがおすすめだ。

1 窓際のテーブル席。カウンター型になっているため、正面に飛行機を眺められる。一部ではコンセント利用もOK。2 窓際のテーブル席。こちらの窓も誘導路に面しており、昼には行きかう飛行機が、夜には羽田空港の夜景が楽しめる。3 評判の料理も楽しみたい。3日かけて仕込むとろとろの角煮や、58度で2時間じっくり火を通すローストビーフが特に人気だ。

DATA

ブルーコーナー UC 店

ぶるーこーなー ゆーてぃりてぃせんたーてん

- 東京都大田区羽田空港3-5-10 ユーティリティセンター2階
- 03-5756-9205
- 11:00~21:00(L.O.19:45)※17:00より居酒屋タイム(予約不要だが、窓側席希望の場合は予約推奨)
- 休 土・日曜日、祝日
- 東京モノレール新整備場駅から徒歩約1分
- https://bluecorner.afc.jp/

食べる
65
東京

日本エアロテック株式会社 社員食堂 プロペラカフェ

カフェの窓のすぐ外側を、かわいらしい小型飛行機が飛び立ったり降りてきたり。航空ファンならずっと眺めていたくなる光景だ。

飛行場内で小型飛行機とランチを楽しもう

飛行機の整備・販売などを行う日本エアロテック株式会社が飛行場内で運営するカフェ。元は同社の社員食堂として営業していたが、小型航空機が離着陸する滑走路を真横に見渡せる立地から、迫力ある非日常感を楽しんでもらいたいと一般客も来店できるようになった。店内横の格納庫には実物の飛行機も駐機していて、ピカピカの機体をたっぷり眺めることができる。

来店時には飛行場施設に入場することになるため、「空港用地立入カード」への記入が必要だ。飛行場内で飛行機が行きかう様子を間近に見ながらの食事は、滅多にできない貴重な体験になるだろう。

カフェ名を冠する看板メニュー・プロペラバーガー(1,200円)。牛肉100%のパティを使ったバーガーに、サラダとポテトが付く。

DATA

日本エアロテック株式会社 社員食堂 プロペラカフェ

にほんえあろてっくかぶしきがいしゃ しゃいんしょくどう ぷろぺらかふぇ

- 東京都調布市西町290-3
- 0422-39-2525
- 11:00～16:00(L.O.15:30) ※予約不要、ただし窓際の希望等がある場合は前日まで受付。当日予約不可
- 休 無休
- 京王線調布駅から調布飛行場行きバス乗車、大沢グランド前下車徒歩約5分
- http://malibu.jp

食べる

66 千葉

DINING PORT 御料鶴

ＪＡＬの限定メニューや機内食を堪能できる

ＪＡＬの農園「ＪＡＬ Ａｇｒｉｐｏｒｔ（ジャル アグリポート）」に併設する古民家風レストラン。ここでは、ＪＡＬならではのメニュー・イベントが楽しめる。店内は空港ラウンジを手掛けたデザイナー監修で、機内用サービスカートや機内食で使用するアイテムがあちこちに置かれているなど、お楽しみポイントもたくさん。成田国際空港から近いため、窓からは飛行機も眺められる。

人気の「機内食ランチ」では、国際線の機内食で実際に提供していたメインディッシュがいただける。空港の国際線ラウンジ限定メニュー「ＪＡＬ特製オリジナルビーフカレー」も大人気だ。ドリンクには、空の味として親しまれるＪＡＬ機内限定のオリジナルドリンク「スカイタイム」を選びたい。

不定期開催のイベント「ＪＡＬのお仕事教室」では、空港で働く車のプッシュバック体験や、パイロット・客室乗務員のお仕事教室、整備士による講話などを実施している。どれもここならではの貴重な体験だ。

併設の農園にも、さまざまなＪＡＬらしさが隠れている。用具入れは元・貨物コンテナ、看板は元・飛行機の窓だ。飛行機の音を聞きながらの収穫体験もできる。

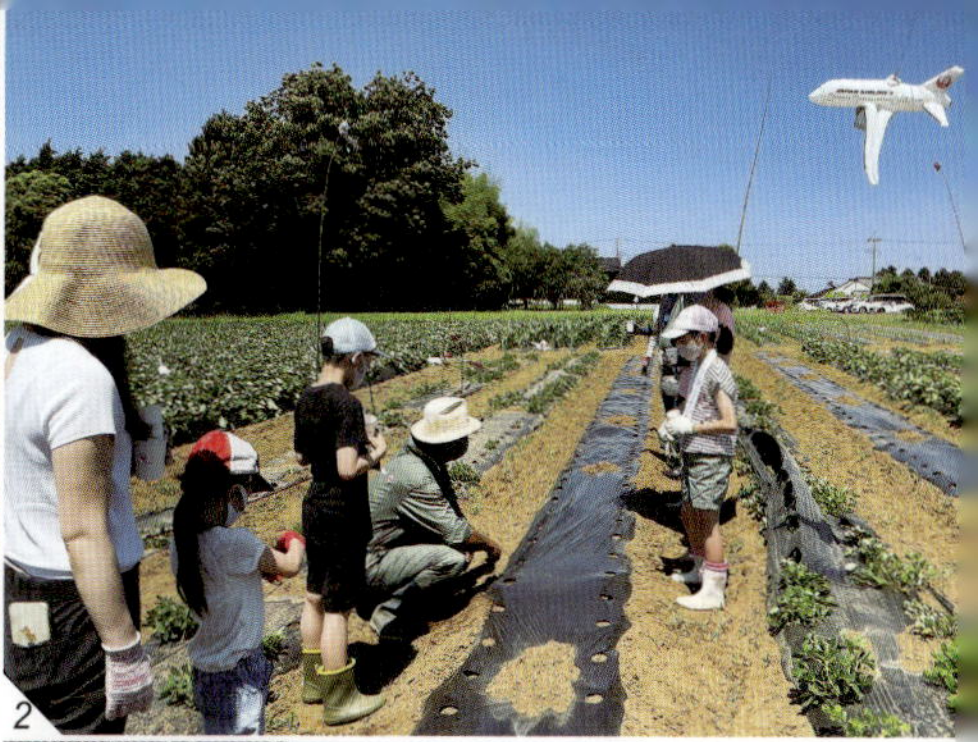

1 2

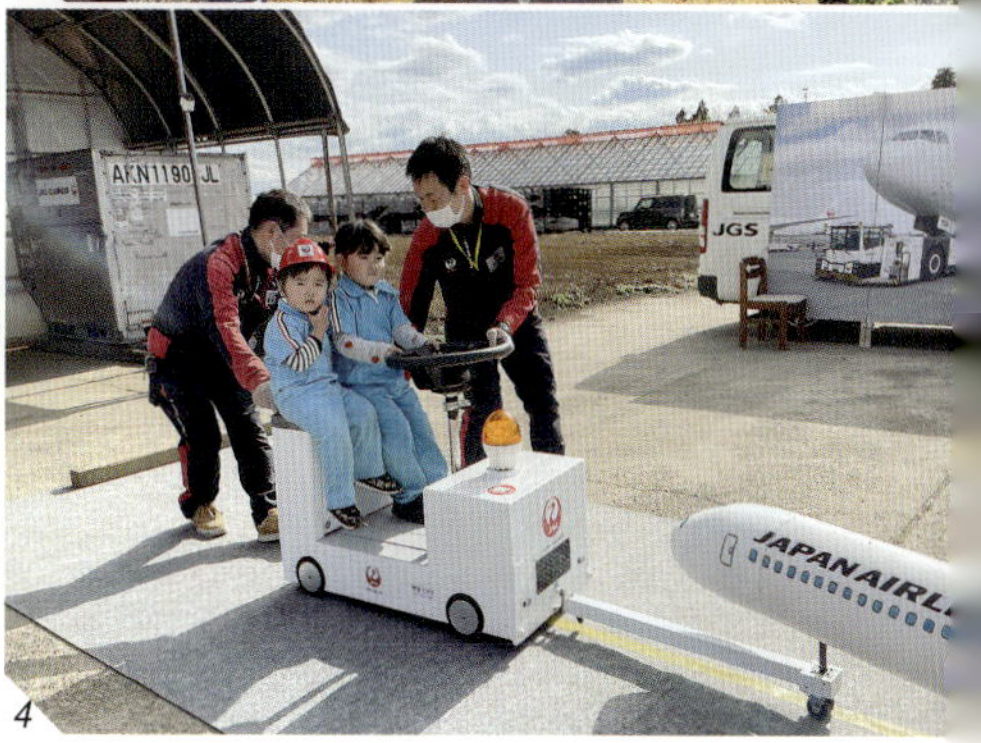

3 4

1「機内食ランチ」（右上）は食器も実際の機内食そのまま。そのほか、千葉の農産品や伝統料理を中心としたメニューが並ぶ。2 農園 JAL Agriport には JAL らしい遊び心がいっぱい。鳥避けも飛行機の形をしている。空には実際に飛行機が飛んでいく様子も見られる。3 いちご狩り施設には滑走路のような通路があるのが特徴。高設栽培で、子ども向けの低いレーンもある。4 パイロットお仕事教室イベント内、プッシュバック体験。ミニチュアの模型に乗って、実際に動かすことができる（各イベントは不定期開催のため、詳細は公式サイト等をご確認ください）。

DATA

DINING PORT 御料鶴

だいにんぐ ぽーと ごりょうかく

千葉県成田市川上245-219（レストラン）／245-1002（農園）

0476-36-5272（レストラン）
0476-37-6965（農園）

要予約（空席がある場合にはご案内可能）
【平日】ランチ 11:00〜15:00（食事・飲み物L.O.14:30）
【土曜日】ランチ 11:00〜16:00（食事L.O・15:00／飲み物L.O・15:30）
ディナー 17:30〜21:00（食事L.O・20:00／飲み物L.O.20:30）
【日曜日】ランチ 11:00〜16:00（食事・飲み物L.O・15:00）
※翌日が祝日の場合は日曜日もディナー営業

休 月曜日（祝日の場合、翌火曜日）

成田国際空港から車で約10分
成田ICから車で約15分

https://jalagriport.com/

＋αで楽しめる！

JALの農園で育った一級品のいちご

農園「JAL Agriport」のいちごは、国際線ファーストクラスでも提供されている一級品。お土産品として直売で購入できるほか、JAL公式総合ショッピングモール「JAL Mall」でもオンラインで購入できる。

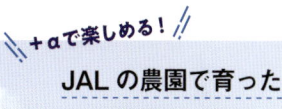

食べる 67 千葉

ワールドフレーバーカフェレストラン

明るいスタッフたちが元気に働いているのが特徴。機内食会社が作る料理を食べられるため人気だ。

世界最大の機内食会社運営のレストラン

さくらの山公園の空の駅さくら館内にあり、スイスに本社を置く世界最大の機内食会社ゲートグルメの日本法人が運営するカフェレストラン。本場のカレーやパスタなどのほか、実際に飛行機内で提供されているスナックやスープを食べられるのが大きな魅力だ。イートインスペース横はガラス張りになっており、北風の場合は離陸する飛行機を、南風の場合は着陸する飛行機を眺めながら食事やカフェタイムを楽しむことができる。

同社は成田国際空港をはじめ、世界各地に機内食工場を持っているため、さまざまな国のシェフが独自の技を生かして作り上げた料理を味わうことができる。

本格的なレシピで作ったカレー、ほかにも台湾フェアなどを時期によって開催。世界の料理が食べられる。

DATA

ワールドフレーバーカフェレストラン

わーるどふれーばーかふぇれすとらん

- 千葉県成田市駒井野1353-1
- 0476-33-3309(空の駅)
  0476-32-1865(ゲートグルメジャパン)
- 11:00～16:00
- 休 不定休
- 成田国際空港、成田ICから約10分
- https://wrld-flvrs.com/jp/

食べる 68 福岡

375 cafe bar

1 迫力の飛行機チョークアートは、お店のロゴにもなっているボーイング777。モデルプレーンや飛行機に関する書籍もたくさん並ぶ。2 夏限定のパフェ「PEACH AVIATION PARFAIT（ピーチ・アビエーション・パフェ）」は、日本語だと「桃乗（とうじょう）パフェ」。搭乗に掛けたネーミングに思わず笑顔になる。写真のパフェは2024年夏 Ver. のもの。3 ホットのカフェラテを頼むと、飛行機柄のラテアートを楽しめる。描かれる飛行機のバリエーションも豊富。

「大宮空港」でかわいい飛行機ラテアートを

飛行機をコンセプトとするコーヒーショップ。福岡空港で発着する飛行機の航路上にあり、「大宮空港」の愛称で親しまれている。店名「375」の由来でもあるオーナーの美奈子さんは大の飛行機好き。店はロゴや看板はもちろん、メニューやインテリア、ラテアートまで飛行機尽くしだ。

この店の人気の秘密は、飛行機好きな人だけでなく、詳しくない人にも好きになってもらえるように趣向を凝らしているところにある。航空用語や飛行機にちなんだメニューは飛行機愛がたっぷりで、航空ファンでなくても楽しめる。格好良いチョークアートやモデルプレーンもしっかり観賞したい。

DATA

375 cafe bar

さんななご かふぇ ばー

- 福岡県福岡市中央区大宮2-1-31 ユーテラス101
- 050-1163-3711
- 【月～土曜日】15:00～24:00（L.O. 23:00くらい）
  【日曜日】13:00～18:00（L.O. 17:00くらい）
- 休 火曜日（月1・水曜日）
- 西鉄天神大牟田線西鉄薬院駅から徒歩約10分

買う
69
千葉

フライトショップチャーリイズ

旅客機座席も⁉ 厳選された飛行機グッズ

旅客機好きのオーナーが世界をまわり厳選したアイテムが所狭しと陳列されており、オリジナル商品を含め、飛行機好きもうなるアイテムが並ぶ。大きいものは旅客機に実際に搭載されていたビジネスクラスの座席や、実際に旅客機で使用されていた操縦室の計器、また機内から取り外した部品から独自に製造されたアップサイクル品として、機体の一部を使った家具や、プロペラを使ったテーブル、ライフベストを使ったバッグなど、一点ものも多く販売されている。店内を見てまわるだけでもワクワクしてくることは間違いないだろう。

もちろん国内外のエアライングッズやモデルプレーン、人気商品の飛行機の形をした箸置きなども販売している。オーナーのこだわりがつまったショーケースに陳列されているので、眺めるだけで楽しめる。

小さいお子さんにおすすめのアイテムとしては、子ども用パイロット帽子、パイロットベア、パイロットスタイ、そして世界の色とりどりの旅客機が掲載された本などがある。ほかにも子ども用の木製飛行機模型やキーホルダー、ステッカー、絵葉書、お菓子や小物まで、飛行機グッズが欲しいなら絶対に訪れるべきショップといえるだろう。

1 実際に使われていたビジネスクラスの座席など、珍しいものも販売されている。2 子ども向けの飛行機解説本やエアライン地図帳など、学びに役立つ飛行機の本も多く取り揃えている。3 全長2mを超えるモデルプレーンはフォトスポットにもなっているほか、飛行機が上がる角度に合わせて屋根が斜めになっているので、ここからも飛行機が見える。

DATA

フライトショップ チャーリイズ

ふらいとしょっぷ ちゃーりいず

- 千葉県成田市駒井野1353-1 さくらの山さくら館内
- 0476-36-8767
- 11:00～17:00
- 休 無休
- 京成成田駅東口から成田市コミュニティバス津富浦ルートで約15分
- https://www.instagram.com/flightshop_charlies/

子ども用のパイロット帽子、パイロットベア、パイロットスタイ、グミなどが人気だ。

買う 70 千葉

トラベラーズファクトリー エアポート

さまざまなグッズであふれている店内。普段使いすれば、日常生活も旅行気分になるかも。

第1旅客ターミナル中央ビルの本館4階に所在する店舗。空港ならではのオリジナルプロダクトやカスタマイズアイテムも用意されている。

次の空旅がもっと待ち遠しくなる！

旅をテーマにしたトラベラーズノートなどのステーショナリーをはじめ、オリジナルプロダクトやセレクトした雑貨などを取り扱うトラベラーズファクトリー エアポートでは、飛行機や空港にまつわるアイテムをたくさん揃えている。

成田国際空港を訪れた記念に、ノートリフィルに飛行機の絵を描いたり、空港や飛行機をモチーフにしたマスキングテープやステッカーを貼ったり、スタンプを押したりと、後で見返すのが楽しくなる思い出作りも楽しむことができる。

人気なのは、富士山をモチーフにしたオリジナルロゴや「HAVE A NICE TRIP」のメッセージをプリントした成田国際空港限定トラベラーズノート。成田国際空港にまつわるモチーフをレイアウトしたマスキングテープでカスタマイズするのも楽しい。

ほかにも飛行機モチーフのアイテムがたくさん揃っているので、お気に入りを探してみよう。

成田国際空港にまつわるモチーフや日本の旅をデザインしたマスキングテープ。お土産にもおすすめ。上からNRT TRIP柄 15mm(462円)、NRT AIRPORT柄 / JAPAN GUIDE柄 24mm(759円)。

1

2

3

1 トラベラーズノートの成田国際空港限定バージョン。レギュラーサイズは日本の象徴、富士山をモチーフにしたオリジナルロゴをデザイン(トラベラーズノート茶(5,940円)、トラベラーズノートパスポートサイズ黒(4,840円))。**2** 10種類のオリジナルデザインのカンバッジ。ガチャガチャなのでどれが出るのかはお楽しみ。1回300円。**3** 店舗には各国・地域名のスタンプを用意したコーナーも。

DATA

トラベラーズファクトリー エアポート

とらべらーずふぁくとりー えあぽーと

- 千葉県成田市成田国際空港 第1旅客ターミナル中央ビル本館4階
- 0476-32-8378
- 9:00～18:00
- 休 無休
- 各線成田空港駅直結
- https://www.travelers-factory.com/

買う 71 東京

クロスウイング東京

パーツも少なく、すぐ組み立てられるモデルがズラリと並んだ店内は壮観な眺め。分からないことを何でも聞ける親切、丁寧さがモットーだ。

お気に入りの飛行機模型がきっと見つかる!

箱がずらりと並んだ棚が印象的なクロスウイング東京は、飛行機モデルを中心に、豊富な在庫を取り揃える模型専門店だ。

絶版品やレアな商品も多数並んでいるので、探している航空機モデルはほぼ発見できるだろう。実際に訪れた空港などで見た旅客機の模型を探しに訪れる親子連れも多いという。

飛行機モデルの平均価格帯は5000~10000円ほどで、手に取って遊ぶものではなく、飾って眺めて楽しむもの。それが分かるようになったお子さんの誕生日やクリスマスなど、特別な日のプレゼントとして、模型を購入する家族連れも少なくない。

DATA

クロスウイング東京

くろすういんぐとうきょう

- 東京都杉並区阿佐ヶ谷南3-38-28 トキワビル1階
- 03-3393-0401
- 【月・金・土曜日】12:00～18:00
- 休 火・水・木・日曜日、年末年始
- JR阿佐ケ谷駅から徒歩約3分
- https://www.crosswing.co.jp

買う
72
大阪

クロスウイング大阪

1 大阪店の在庫数はクロスウイング随一だ。2 店内にズラリと並ぶ旅客機のダイキャストモデル。3 ダイキャストモデルは金属製の精密模型。組み立てはほぼ必要なく、すぐに飾れるのが魅力だ。

海外からわざわざ訪れるファンも多数！

JR新大阪駅前に所在し、関西圏からのアクセスが良好なクロスウイング大阪は、関西では唯一の、旅客機ダイキャストモデルの専門店だ。

大阪店は、商品数が多いのが特徴で、店内には各メーカーのモデルを常時約1000機展示している。在庫も豊富で、商品を数多く仕入れることに重点を置いている。もちろん、絶版品やレアな商品といった掘り出し物も。交通の便が良いため、出張の帰りの地方客だけでなく、模型が購入できる店舗が少ない国から、飛行機モデル目的で来店する海外客も少なくない。

家族連れも多く、年少ファンはプレゼントとして保護者に購入してもらうことが多いようだ。

DATA

クロスウイング大阪

くろすういんぐおおさか

- 大阪府大阪市東淀川区西淡路-1-36 新大阪ビル1階
- 06-6326-8017
- 【平日】12:00〜17:00 【土・日曜日、祝日】10:00〜17:00
- 休 火・水・木曜日（祝日の場合は営業）
- JR新大阪駅（東口）から徒歩約1分
- https://www.crosswing.co.jp

2

3

1

買う
73
大阪

aero lab pilot shop

珍しい書籍&ここにしかないグッズも！

定期便がなく、運と天候次第で、珍しい小型飛行機にも出会える大阪・八尾空港に、本場アメリカのパイロットショップをイメージした「aero lab」がある。パイロットショップとは、操縦士や整備士向けの店のこと。自家用の小型飛行機を持つ人が多いアメリカらしい店で日本では珍しい。

店内は、実物飛行機を内装に使うなど遊び心満載。コーヒーや軽食を楽しみながら世界各地の航空雑誌や写真集を自由に閲覧でき、海外直輸入の飛行機関連雑貨やオリジナルグッズ・プロ向けの専門用品を購入できる。オーナーの「飛行機を身近に感じ、憧れを持ってほしい」という思いが伝わってくる。

1 航空グッズのアイテム数が多く、国内ではこの店だけが扱う商品もある。人気はキーチェーンやオリジナルタオル。2 独特の存在感を放つ店構え。航空関連グッズ販売のほか、コーヒーやピザなどの飲食の提供を行っている。3 珍しい書籍類も見どころ。店内で自由に閲覧できるものと、販売しているものもある。

DATA

aero lab pilot shop
えあろ らぼ ぱいろっと しょっぷ

- 大阪府八尾市空港2-12 八尾空港内
- 072-943-1033
- 10:30～17:30
- 休 月曜日・年末年始
- Osaka Metro 谷町線八尾南駅から徒歩15分
- https://aerolab.jp/shop

買う
74
岡山

クロスウイング倉敷本店

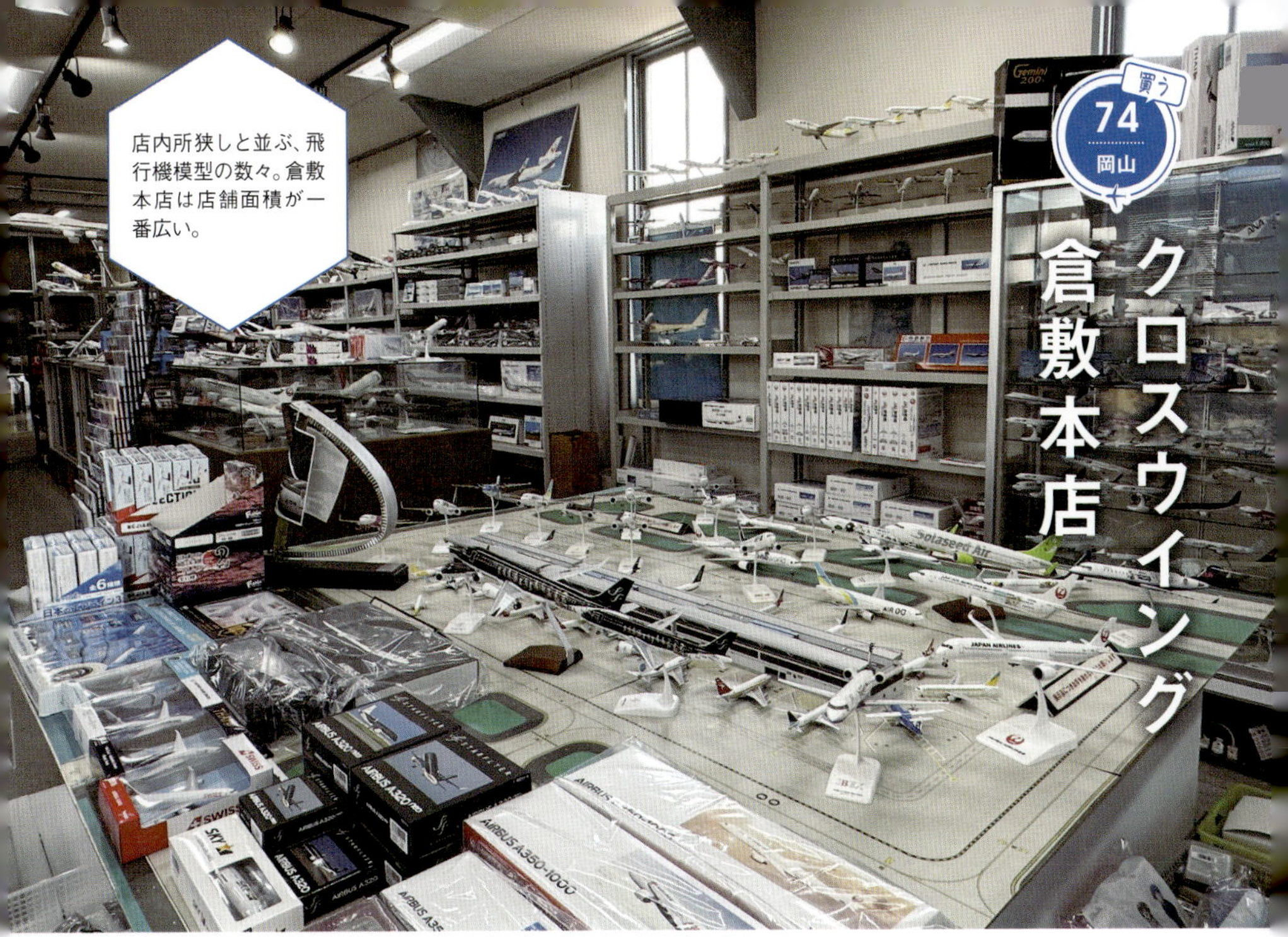

店内所狭しと並ぶ、飛行機模型の数々。倉敷本店は店舗面積が一番広い。

再現度が高い模型の展示も豊富！

クロスウイングは世界の航空機・旅客機のダイキャストモデル・スケールモデル・プラモデル・航空グッズの取扱いの専門店。日本の各航空会社の特注品も、限定商品として販売している。

　倉敷店は本店ということもあり、敷地も一番広く、スケールの大きい模型の展示も楽しめる。

　商品は求めやすい価格帯の1000円前後から取り揃えており、年少ファンにも好評。ベビーカーでの入店は難しいものの、家族連れにも人気だ。

　クロスウイングが扱っているモデルは、飾って眺めて楽しむ精密模型。スケールの違いで、細かいディテールの再現度も変わってくる。

倉敷本店は豊富な在庫、及び絶版品、限定品を多数取り揃えており、海外メーカーの輸入代理店として商品の企画・販売も行っている。

DATA

クロスウイング倉敷本店

くろすういんぐくらしきほんてん

- 岡山県倉敷市浜ノ茶屋1-4-23 2階
- 086-425-4511
- 【平日】9:00～17:00
  【土・日曜日】10:00～18:00
- 休 年末年始、夏季休暇、ゴールデンウイーク、祝日
- JR 倉敷駅から徒歩約10分
- https://www.crosswing.co.jp

COLUMN 4

飛行機の中に潜入!

操縦室や客室乗務員が働くギャレー(空のキッチン)、
乗客の荷物や郵便物、宅配便などを積む床下貨物室など、
普段見ることができない内部を特別にご紹介。

コックピット

飛行機の一番前にある操縦室。旅客機の場合2人のパイロットが乗り込み、左側に機長、右側に副操縦士が座る。飛行時は交代で飛行機を操縦する人、管制塔と無線交信をする人と仕事を分担し、お互い間違いがないか確認し合っている。ボーイングの飛行機は座席正面に自動車のハンドルに似た操縦桿があり、これで飛行機をコントロールする。エアバスの場合は機長席(左)の左側と副操縦士席(右)の右側にサイドスティックと呼ばれる操縦桿があり、これで飛行機をコントロールする。

ティラー

飛行機が地上を走行するときに、まわして前輪を動かすための小さなハンドル。足元のラダーペダルでもコントロール可能。

スラストレバー

エンジンの出力をコントロールする装置で、左右操縦士の中央にある。前に押すとパワーが上がり手前に引くと下がる。

ラダーペダル

操縦に使用。左右にあり、右に曲がるときは操縦桿を右に倒し、右ラダーペダルを踏むことで右旋回する。

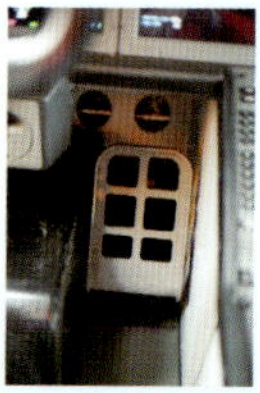

ギアレバー

上げると車輪が格納されるレバー。離陸後車輪を格納する際に使用。車輪の形をしている。

無線機

管制塔と通信をする機器。コックピットの中央部分にあり、周波数が表示される。

キャビン

1 座席は衝撃にも耐えられる厳しい基準をクリアしたものが採用される。2 新しい飛行機には全席モニター装備のものもあり、テレビや映画、ゲームを楽しめる。3 ボーイング787は天井の照明が七色に輝くようにでき、夕陽や朝日、夜と色を変えられる。4 窓側に座れば機窓の景色を楽しむことができる。予約時に座席を選べる場合は、翼の上を避けるようにすると良いだろう。

旅客機の客室部分のことをキャビンと呼ぶ。乗客が飛行機に乗る際に利用するキャビンには、快適に過ごせるようにさまざまな設備が備わり、工夫がされている。

ギャレー

ギャレーと呼ばれる客室乗務員が働く飛行機のキッチン。国内線は飲み物のサービスがメインのためギャレーは小さいが、国際線の飛行機では上級クラスもあり豪華な食事を2回出すこともあるため、ギャレーが広くなっている。

貨物室

乗客が乗る客室の下は貨物室になっていて、大型機の場合はコンテナに入れられた手荷物や郵便物、宅配便などが積み込まれる。コンピューター部品や野菜、花などさまざまなものがコンテナの中に入っている。

監修

チャーリィ古庄《ふるしょう》

1972年東京都生まれ。世界で最も多くの航空会社の飛行機に搭乗した「ギネス世界記録」を持つ、旅客機専門の航空写真家。おもに国内外の航空会社、空港などの広報宣伝写真撮影、航空雑誌の撮影、カメラメーカー主催の航空写真セミナーの講師などを行う。旅客機関連の著書・写真集多数。

STAFF

編集	三好里奈、細谷健次朗（G.B.）
編集協力	吉川はるか、池田麻衣（G.B.）
営業	峯尾良久、長谷川みを、出口圭美、鈴木正太郎（G.B.）
執筆協力	塚本隆司、幕田圭太、陽月よつか
イラスト	こかちよ（Q.design）
AD	山口喜秀（Q.design）
カバーデザイン	深澤祐樹（Q.design）
デザイン	森田千秋（Q.design）
DTP	G.B. Design House
校正	東京出版サービスセンター

全国 飛行機めぐり

初版発行　2024年10月29日

編集発行人　坂尾昌昭

発行所　株式会社G.B.

〒102-0072　東京都千代田区飯田橋4-1-5

電話　03-3221-8013（営業・編集）

FAX　03-3221-8814（ご注文）

https://www.gbnet.co.jp

印刷所　株式会社シナノパブリッシングプレス

感想を
お聞かせください

ISBN 978-4-910428-47-5

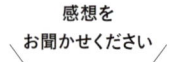